よくわかる 3次元CADシステム

SOLIDWORKS 入門

2020/2021/
2022 対応

CADRISE
㈱アドライズ【編】

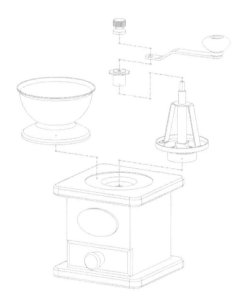

日刊工業新聞社

はじめに

　おかげさまで「よくわかる3次元CADシステムSOLIDWORKS入門」は、同システムのバージョンアップに対応して6回目の出版となりました。これまでご支持いただきました読者の皆様へ、厚く御礼申し上げます。

　今から約20年前、この書籍の執筆・制作を決意したのは多くの方に「SOLIDWORKS（ソリッドワークス）」による設計の楽しさを知ってほしいという想いからでした。当時、設計デザイン会社を起業したばかりの私は、大学の非常勤講師として3次元CAD設計の講座を担当する機会をいただきました。私は学生たちにSOLIDWORKSの操作と、そのシステムを活用した設計を指導するなか、彼らから大切なことを教わりました。習得の段階で"いかに創作を楽しめるか"です。「最終製品まで完成させることができる」「可動部の動きが見える」―このポイントを押さえたモデルを制作することで、達成感を味わい、さらに興味が湧き、能力向上につながっていきます。

　本書は、3次元CADシステム「SOLIDWORKS」の入門用テキストです。これからSOLIDWORKSに触れる方、基本からしっかりと習得したい方、ポイントを押さえて短時間で習得したい方などを対象として、実務でよく使う基本機能に絞り、目的を持って学習できる構成となっています。なお、本書は **2020/2021/2022** バージョンの操作に対応しています。

〈本書の主な3つの特徴〉
○**豊富なビジュアルを使用しており、わかりやすい**
○**身近なモデルの作成を通して必要な操作が身につく**
○**手順に沿って進めることで3次元モデルがおのずと描ける**

　本書を手にとって開いたときに、「この本ならやれそう」と思っていただけるようにビジュアルを多用し、わかりやすさにこだわりました。3次元CADは、目標の課題を設定し、それをこなしていくことで操作の習得が進みます。そこで本書は、身近なモデルの作成を通して、大きな達成感を得ながら自然に機能を理解し、操作が身につくよう配慮しています。そして、操作手順を細かく分け、その手順に従えばおのずと3次元モデルが出来上がるようになっています。本書が3次元CADを活用される多くの皆様のお役に立てれば幸いです。

　最後に、本書の執筆にあたり、ご協力いただきました方々に感謝を述べるとともに、出版にあたりご尽力賜りました日刊工業新聞社出版局の皆様に厚く御礼を申し上げます。

2022年8月

株式会社アドライズ　代表取締役　牛山直樹

Chapter 4 アセンブリの作成 −作った部品を組み立てよう−

Chapter 5 図面の作成 −作ったモデルから図面を作成しよう−

導入
3次元CAD SOLIDWORKSとは

1 3次元CADとは

1 3次元CADとは

3次元CADとは、仮想の3次元空間上に、「縦」「横」「奥行き」のある立体的な形状を作っていくツールのことです。この3次元空間上に作成した形状を3次元モデルと呼び、形状が立体的に検証できるという優れた特徴を持っています。

この3次元モデルの情報を活用することで、「設計段階での高度な検証」「製作現場との速やかな連携」「プレゼンテーションへの利用」など多くの可能性が広がります。

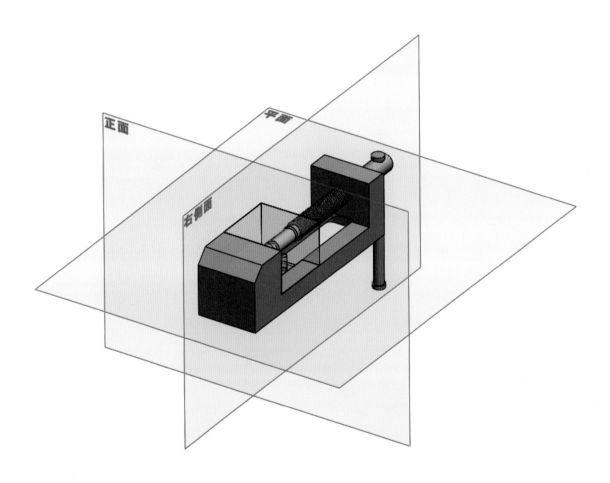

3次元 CAD には、次のような優れた特徴があります。

●形状がわかりやすい

3次元モデルは、製品の形状や構造を容易に理解することができます。このわかりやすさは、製品の情報を他部門へ伝達するのに効果的で、早い段階からの正確なデザインレビューを可能にします。

●作成と編集に強い

製品を表現するとき、2 次元製図では 3 面図（ 正面、平面、側面) をそれぞれ描く必要があります。一方、3 次元モデルであれば、図形を 1 つのモデルに集約できます。さらに、パラメトリック修正機能を上手に活用することで、効率良く作成・編集することができます。

3 面図　　　　　　　　　　　　　　　　　　3 次元モデル

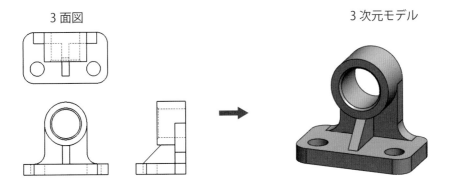

●技術計算が速やかにできる

3 次元モデルは体積情報を持っているため、材質の物性値を設定することによって、重量と重心をすばやく計算することができます。さらに部品と部品が干渉している箇所を一瞬で見つける干渉認識機能は、設計品質の向上に役立ちます。

質量特性機能による重量・重心調査

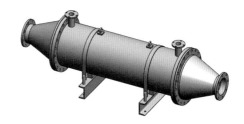

近年のものづくりにおいて、3次元モデルは設計部だけのものではなく、企画から設計・開発、生産、販売といったプロダクト全体へとその活用範囲を広げています。

CAD

Computer Aided Design

コンピューター支援により設計すること、または設計支援ツールを指す。

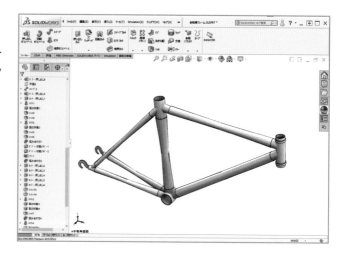

デザイン　　設計・開発　　試作

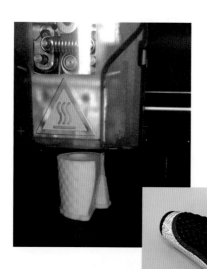

RP

Rapid Prototyping

3次元モデルなどのデータから、実際の品物をすばやく製作する技術。3次元プリンター、光造形装置、3次元切削装置などで製作できる。

CAE
Computer Aided Engineering

強度、熱、振動、流体など、
さまざまな模擬実験をコンピュー
ター上で行う技術。

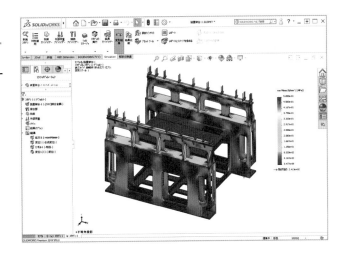

研究　　　生産　　　販売

レンダリング

　3次元モデルから実際の製品の
写真のように加工する技術。
近年、パンフレットや製品パッ
ケージに利用されることが多く
なってきている。

SOLIDWORKS | Visualize
Image courtesy of Santa Cruz Bikes

2 SOLIDWORKSの特徴

1 履歴型の3次元CAD

SOLIDWORKSは、形状を作る過程を履歴として保持します。1つの履歴は比較的単純な形状であり、それらを組み合わせてより複雑な形状を作っていきます。この一つ一つの単純な形状のことを「フィーチャー」といいます。

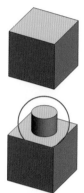

1 基礎を作ります

▶ 🔲 ボス - 押し出し1

基礎のフィーチャーが追加される

2 突起を追加します

▶ 🔲 ボス - 押し出し1
➡ ▶ 🔲 ボス - 押し出し2

突起のフィーチャーが追加される

3 穴を追加します

▶ 🔲 ボス - 押し出し1
▶ 🔲 ボス - 押し出し2
➡ ▶ 🔲 カット - 押し出し1

穴のフィーチャーが追加される

2 パラメトリック修正機能

パラメトリックとは、数を変化させるという意味で使われます。SOLIDWORKSでは、スケッチやフィーチャーの寸法を変更することにより、形状を変化させることができます。履歴をさかのぼって形状を変化させることができるので、設計の検討や変更に役立ちます。

●パラメトリック修正の例…押し出しフィーチャー

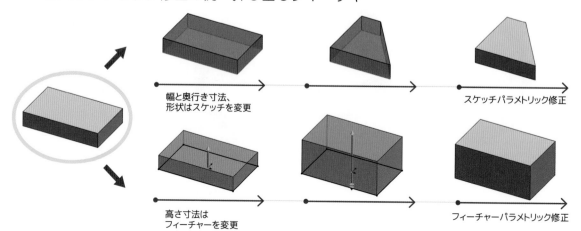

幅と奥行き寸法、
形状はスケッチを変更

スケッチパラメトリック修正

高さ寸法は
フィーチャーを変更

フィーチャーパラメトリック修正

SOLIDWORKSでは、「部品」「アセンブリ」「図面」という3種類のドキュメントを扱います。

部品

部品

フィーチャーを組み合わせて、1つの部品を作ります

アセンブリ

アセンブリ

複数の部品を組み立て、アセンブリを構築します

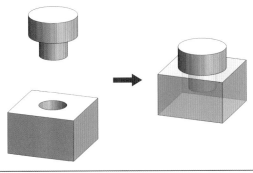

図面

図面

部品やアセンブリから2次元図面を作成します

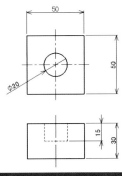

4 双方向完全連想性

SOLIDWORKSでは、部品・アセンブリ・図面といった3つのドキュメントが互いに関係を持っています。例えば部品を変更すると、その変更内容がアセンブリや図面にも反映されるというものです。

部品を変更すると

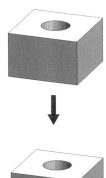

アセンブリにも変更が反映する

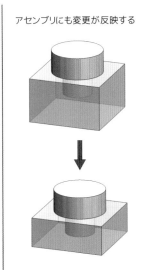

図面にも変更が反映する

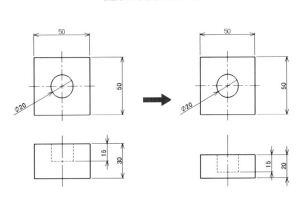

アセンブリや図面からも同様に変更することができ、それぞれに変更内容が反映します

本書の使用方法

本書は、3次元モデルの作成手順を演習形式により解説しています。さらに重要な箇所は一覧表として掲載しています。

◎章の構成

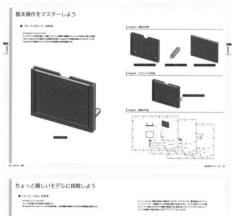

・Chapter1：3次元CAD SOLIDWORKS の基礎知識を習得します。
・Chapter2：システムと各種ドキュメントの操作前準備を行います。

　※各種ドキュメントを扱う時点に合わせて参照すると理解が深まります。

・Chapter3：部品ドキュメントの作成を行います。
・Chapter4：Chapter3 で作成した部品を組み立てます。
・Chapter5：Chapter3 の部品と Chapter4 のアセンブリから図面を作成します。

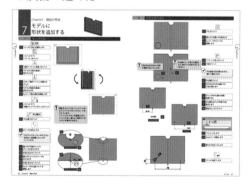

・Chapter6：多様な機能を駆使して3次元モデルを作り上げる応用演習です。

　※Chapter3からChapter5にかけて、一連の内容のため、順に進めることをお勧めします。

◎演習の進め方

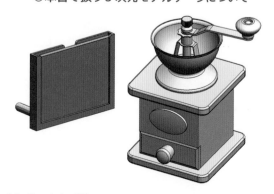

操作手順には番号が振ってあります。手順に沿って、操作画面を確認しながら、モデルの作成を進めます。

※操作に慣れないうちは、手順通りに進めていても、つまずくことがあります。このようなときは「取り消し」コマンドで手順をさかのぼって、やり直すとよいでしょう。

● 本書で使われているアイコン ●

 … 操作を進める上での**要点**や**機能の解説**

 … 操作を進める上での**確認**や**注意事項**

 … 使用する SOLIDWORKS のコマンド

◎本書で扱う 3 次元モデルデータについて

モデルの作成で困ったときは3次元モデルデータをダウンロードすることができます。

本書で使用するCADデータは、下記のWebサイトからダウンロードできるようになっています。

https://www.cadrise.jp/

詳しくは、巻末の「読者限定特典ページ」をご覧ください。

準備
SOLIDWORKS の設定

1 システムの設定

SOLIDWORKS には多数の設定項目があり、さまざまなカスタマイズが可能です。本書はインストール直後のデフォルト設定状態を前提としています。本書を有効にご活用いただくために、操作前にシステム設定の準備を行います。
※お使いの SOLIDWORKS の設定のまま演習していただいてもかまいません。

1 SOLIDWORKS の設定を保存する

SOLIDWORKS の設定は、「システムに関する設定」と「ドキュメントごとの設定」の 2 つに大別されます。

「システムに関する設定」は一旦セットするとSOLIDWORKSを終了しても再起動時に有効となります。オプションのシステムオプションから行う設定で、システムで使用するテンプレートやメニューのカスタマイズなどの項目があります。
「ドキュメントごとの設定」は現在編集中のドキュメントの中に設定が保存されます。オプションのドキュメントプロパティからの設定で、設計規格や寸法の書式、使用する単位などの項目があります。

※本書はインストール直後のデフォルト設定状態を前提に解説を行っています。環境を合わせていただくためにはシステムオプションの初期化が必要となります。お使いのSOLIDWORKSの設定を復元できるように、システムオプションを保存してから、初期化することをおすすめします。

🔑 設定を変更する前に、システムに関する設定のバックアップを必ずとっておきましょう。
付属のツールを使用すれば、システムの設定をファイルに保存したり、そのファイルから回復することができます。
この作業はSOLIDWORKSを終了してから行ってください。

1 スタートボタンをクリックして、SOLIDWORKS2022→SOLIDWORKSツール→設定のコピーウィザードを起動します

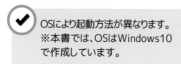

✔ OSにより起動方法が異なります。
※本書では、OSはWindows10で作成しています。

✔ ※バージョンが異なる場合も、以下のような手順で起動します。
スタートボタンをクリック
→SOLIDWORKSの各バージョン
→SOLIDWORKSツール
→設定のコピーウィザードを選択

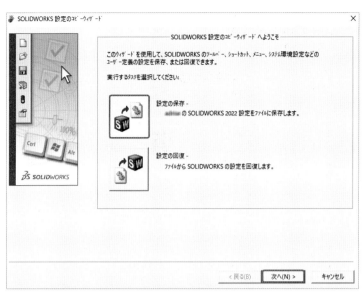

2 「SOLIDWORKS設定のコピーウィ
ザード」ダイアログが開きます

3 設定の保存をクリック

4 次へをクリック

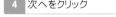

5 参照をクリック

6 設定ファイルの場所と名前を指定
します

✔ ファイル名の例
「2022_インストール直後」

7 保存をクリック

8 保存する設定項目にチェックを
入れます

9 完了をクリック

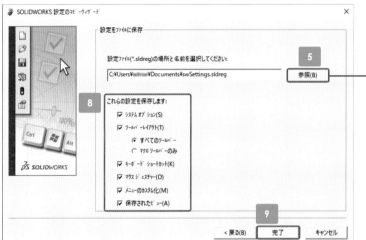

10 確認メッセージが現れます

11 OKをクリック

12 現在の設定が保存できました

保存したファイルから設定を回復するには

設定を回復する場合には
以下の手順で作業します。
(必要なときのみ行います)

✔ この作業はSOLIDWORKSを終了
してから行ってください。

1 「設定のコピーウィザード」を起動します。

2 「SOLIDWORKS設定のコピーウィザード」ダイアログが開きます

3 設定の回復をクリック

4 次へをクリック

5 参照をクリック

6 設定ファイルの場所と名前を指定します

✔ あらかじめ設定ファイルを用意しておく必要があります。

7 開くをクリック

8 回復する設定項目にチェックを入れます

9 次へをクリック

10 現在のユーザーを選択します

🔑 ネットワークにつながっている環境では、必ず管理者にご確認ください。

11 次へをクリック

🔑 チェックを入れておくことで現在の設定をバックアップできます。必ずとっておくようにしましょう。

12 完了をクリック

13 設定を読み込んだ後に確認メッセージが現れます

14 OKをクリック

15 設定が回復できました

Chapter 2

本書を有効にご活用いただくために、SOLIDWORKS のシステムオプションを初期化し、インストール直後の状態に近づけます。

※一度、初期化すると、ファイルなしでは元に戻せないため、必ずバックアップをとっておきましょう。

※全リセットからでも、デフォルトに戻らない項目があります。

1 SOLIDWORKSを起動します

✔ 起動するにはスタートボタンから
→SOLIDWORKS2022
→SOLIDWORKS2022
※ver.2021以前のバージョンも同様の手順で起動します。

Chapter 2

✔ 「使用承諾書のダイアログボックス」が現れた場合は、次ページをご参照下さい。

2 「ようこそ-SOLIDWORKS」のダイアログボックスが現れたら、閉じるをクリック

✔ 「ようこそ-SOLIDWORKS」のダイアログボックスは、ver.2018以降で、SOLIDWORKS起動直後に表示されます。ここからも新規ドキュメントを開くことができます。

3 <メニューバー>「オプション」をクリックすると

4 システムオプション設定画面が現れます

5 リセットをクリック

6 確認メッセージが現れます

7 「すべてのオプションをリセット」をクリック

8 OKをクリック

9 SOLIDWORKSを終了します

✔ 変更した設定を反映させるためには、SOLIDWORKSを再起動する必要があります。

インストール後、初めて SOLIDWORKS を起動する場合

インストール後初めて SOLIDWORKS を起動する場合、単位系の確認画面が現れます。
確認はこの一度だけで、選択した設定はそれぞれのデフォルトテンプレート（部品、アセンブリ、図面）
に適用されます。

1	SOLIDWORKSを起動します

2	「使用許諾書」の ダイアログボックスが現れます

3	「同意します」をクリック

SOLIDWORKS製品を使用するためには、使用許諾書に同意する必要があります。

ヘルプの設定をするダイアログボックスが現れた場合はOKをクリックします。

4	「ようこそ-SOLIDWORKS」のダイアログボックスが現れたら、閉じるをクリック

「ようこそ-SOLIDWORKS」のダイアログボックスは、ver.2018以降で、SOLIDWORKS起動直後に表示されます。

5	<メニューバー>「新規」を クリックすると

6	「標準単位と寸法」のダイアログ ボックスが現れます

7	次のように設定します 単位：「MMGS（mm、g、秒）」 寸法の標準設定：「JIS」

8	OKをクリック

9	新規ドキュメントダイアログボックス が現れます

10	キャンセルをクリック

11	SOLIDWORKSを終了します

次回起動時からは、使用許諾同意及び単位系設定の確認はありません。

2

部品ドキュメントの画面構成とコマンドの設定を変更する

1　新しく部品ドキュメントを作成する

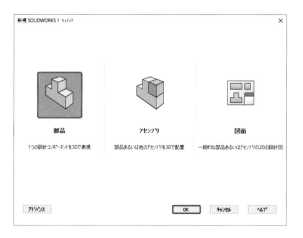

アドバンス表示

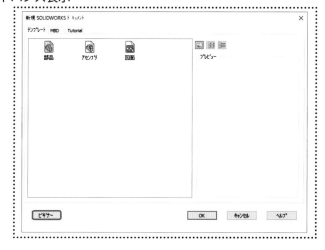

1 SOLIDWORKSを起動します

2 「ようこそ-SOLIDWORKS」のダイアログボックスが現れたら、閉じるをクリック

✔ 「ようこそ-SOLIDWORKS」のダイアログボックスは、ver.2018から表示されるようになりました。ここからも新規ドキュメントを開くことができます。

3 <メニューバー>
「新規」アイコンをクリックすると

4 「新規SOLIDWORKSドキュメント」ダイアログボックスが現れます

✔ アドバンス表示になっている場合は、「ビギナー」ボタンをクリックして、ビギナー表示に切り替えます。

5 「部品」を選択します

6 OKをクリック

✔ ドキュメントプロパティの設定を変更した場合、その設定をテンプレートとして保存しておくことができます。アドバンス表示にすると、自分で保存したテンプレートが表示されます。

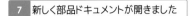

7 新しく部品ドキュメントが開きました

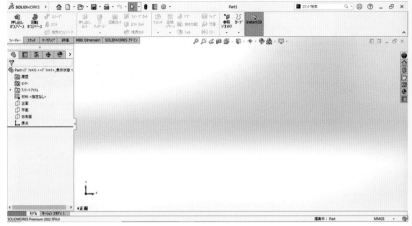

2 　　コマンドの設定を変更する

コマンドの設定を変更します。
・メニューバーの常時表示設定
・表示方向の確認とビューセレクターの解除
・Instant3D の解除
・Instant2D の解除

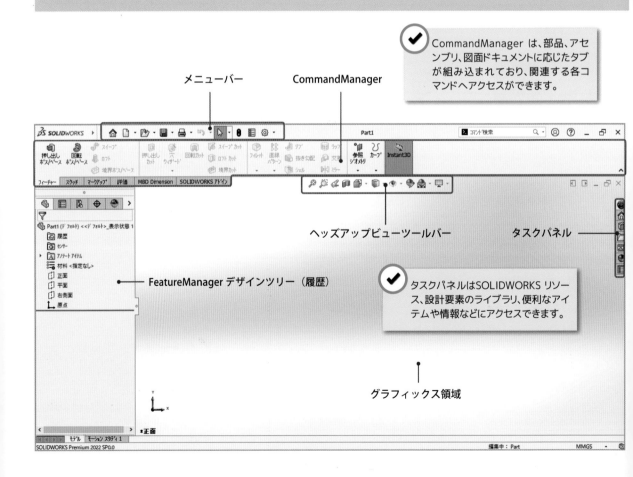

メニューバー　　　　CommandManager

CommandManager は、部品、アセンブリ、図面ドキュメントに応じたタブが組み込まれており、関連する各コマンドへアクセスができます。

ヘッズアップビューツールバー　　　　タスクパネル

FeatureManager デザインツリー（履歴）

タスクパネルはSOLIDWORKS リソース、設計要素のライブラリ、便利なアイテムや情報などにアクセスできます。

グラフィックス領域

メニューバーの常時表示設定

<table>
<tr><td>1</td><td>図の位置にマウスポインタを合わせるとメニューが開きます</td></tr>
<tr><td>2</td><td>ピンをクリックすることで<メニューバー>を常に表示しておくことができます。</td></tr>
</table>

表示方向とビューセレクターの解除

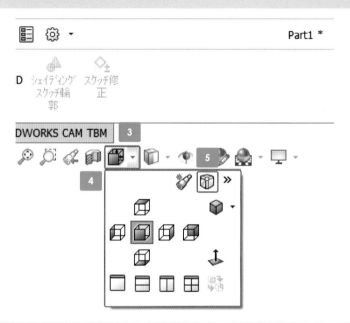

<table>
<tr><td>3</td><td><ヘッズアップビューツールバー>「表示方向」をクリック</td></tr>
<tr><td>4</td><td>「ビューセレクター」が起動し、「表示方向」のフライアウトが現れます</td></tr>
<tr><td>5</td><td>「ビューセレクター」のアイコンをクリックし、オフにします</td></tr>
</table>

✓ 「表示方向」のフライアウトには、標準表示方向のアイコンやグラフィックス領域を分割して複数のビューを表示するアイコンが収められています。

✓ 「標準表示方向」についてはP44をご確認ください。

Instant 3 Dの解除

<table>
<tr><td>6</td><td><フィーチャータブ>「Instant3D」アイコンをオフにします</td></tr>
</table>

✓ Instant3Dは、マウス操作によるダイレクトなモデル編集が行える機能です。
本書では基本をしっかりと押さえるため、解除して進めます。

Instant 2 Dの解除

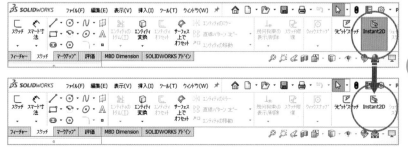

<table>
<tr><td>7</td><td><スケッチタブ>「Instant2D」アイコンをオフにします</td></tr>
</table>

✓ Instant2Dは、マウス操作によるダイレクトなスケッチ編集が行える機能です。
本書では基本をしっかりと押さえるため、解除して進めます。

<table>
<tr><td>8</td><td>コマンドの設定が変更できました</td></tr>
</table>

3　部品ドキュメントを閉じる

1	部品ドキュメントを閉じます
2	保存確認のダイアログボックスが現れます
3	「保存しない」をクリック

ドキュメントを閉じるには、画面右上の図に示すボタンをクリックします。

画面回りのカスタマイズ

よく使用するコマンドのアイコンやツールバーを画面上に配置することができます。

アイコンの配置

1	<メニューバー>ツールをクリック
2	「ユーザー定義…」をクリック
3	<コマンドタブ>をクリック
4	ツールバーの中から配置したいボタンをドラッグ&ドロップします

ヘッズアップビューツールバーにも

ドラッグ

ドロップ

CommandManagerにも

ドロップ

配置ができます

アイコンの削除

1	削除したいアイコンをドラッグ

| 2 | 「×」が現れたところでドロップ |

ドラッグ

ドロップ

ツールバーの配置

1	<メニューバー>表示をクリック
2	ツールから表示したい項目をクリック
3	画面上に配置されます
4	ドラッグ&ドロップで別の位置に配置できます

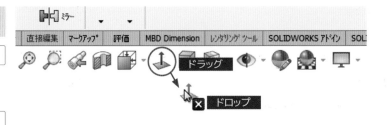

ドラッグ

ドロップ

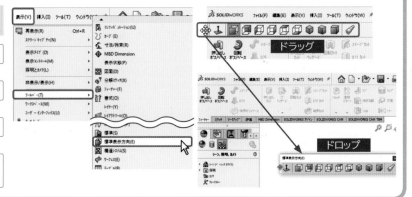

3 アセンブリドキュメントの画面構成

1 新しくアセンブリドキュメントを作成する

1	<メニューバー>「新規」アイコンをクリックすると
2	「新規SOLIDWORKSドキュメント」ダイアログボックスが現れます
3	「アセンブリ」を選択します
4	OKをクリック
5	新しくアセンブリドキュメントが開きました

2 アセンブリドキュメントの画面構成を確認する

CommandManager のタブを確認します。
・アセンブリタブ、評価タブ

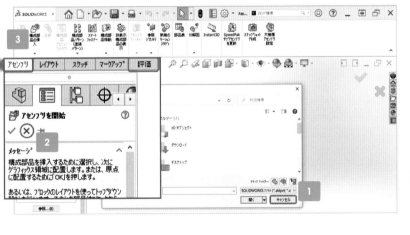

1	「キャンセル」をクリックして、「開く」ダイアログボックスを閉じます
2	「アセンブリを開始」をキャンセルします
3	CommandMagagerに<アセンブリタブ><評価タブ>があるか確認します

✔ タブが表示されていない場合はタブの上で右クリックするとメニューが現れます。表示したいタブを選択します。

✔ アセンブリドキュメントの画面構成の全体図については、P27を参照ください。

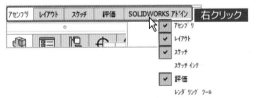

4	アセンブリドキュメントの画面構成が確認できました

3 アセンブリドキュメントを閉じる

1	アセンブリドキュメントを閉じます

4 図面ドキュメントの画面構成

1 新しく図面ドキュメントを作成する

1	<メニューバー>「新規」アイコンをクリックすると
2	「新規SOLIDWORKSドキュメント」ダイアログボックスが現れます

| 3 | 「図面」を選択します |
| 4 | OKをクリックすると |

| 5 | 「シートフォーマット/シートサイズ」が現れます |

| 6 | 「キャンセル」をクリック |
| 7 | 新しく図面ドキュメントが開きました |

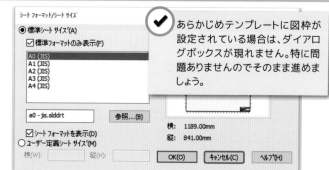

あらかじめテンプレートに図枠が設定されている場合は、ダイアログボックスが現れません。特に問題ありませんのでそのまま進めましょう。

2 図面ドキュメントの画面構成を確認する

1	「モデルビュー」をキャンセルします
2	CommandManagerに <図面タブ> <アノテートアイテムタブ> <シートフォーマットタブ> <FeatureManagerデザインツリー（履歴）> があるか確認します

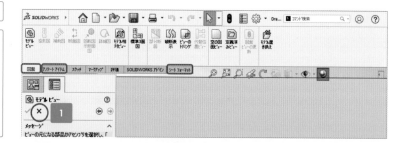

3 図面ドキュメントを閉じる

1	図面ドキュメントを閉じます
2	図面ドキュメントの画面構成が確認できました

次は、いよいよモデルの作成に入っていきます

●各ドキュメントの画面構成

部品ドキュメント画面構成

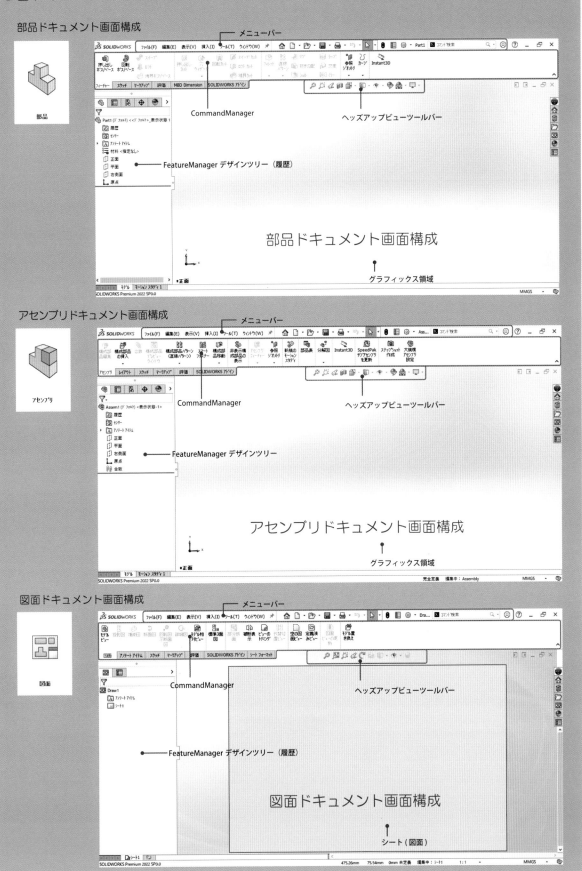

アセンブリドキュメント画面構成

図面ドキュメント画面構成

基本操作をマスターしよう

●「カードスタンド」を作る

モデルは「カードスタンド」です。
カードスタンドの作成を通して、部品、アセンブリ、図面の3種類のドキュメントを作成する流れを習得します。Chapter3では基本となる部品の作成を、Chapter4では部品を組み立てるアセンブリを、Chapter5では部品とアセンブリから2次元図面の作成を解説します。

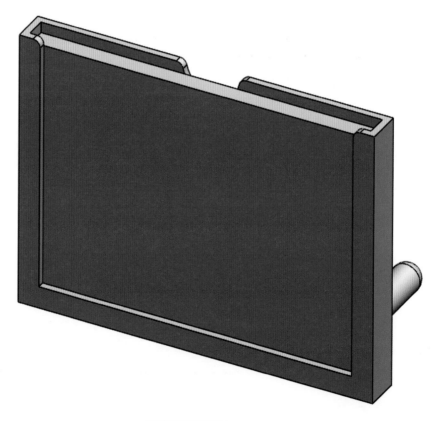

カードスタンド

Chapter3　部品の作成

ホルダー　　　　脚　　　　カード

Chapter4　アセンブリの作成

カードスタンド組立

Chapter5　図面の作成

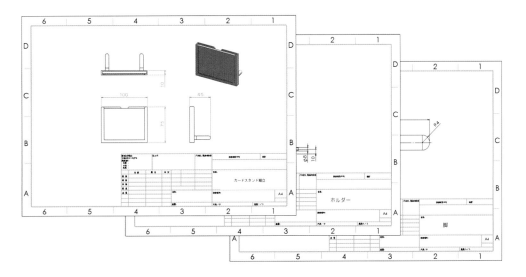

●押し出しフィーチャー作成の流れを確認しよう

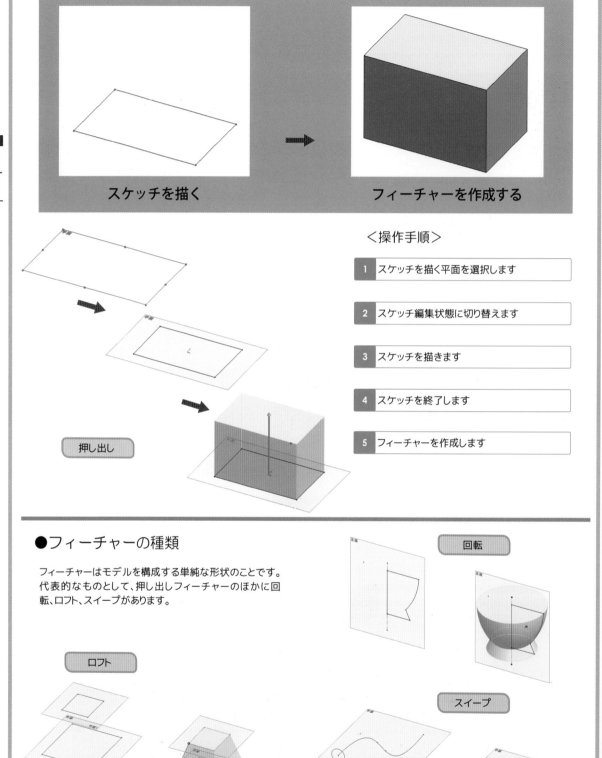

スケッチを描く　　　　　　　　フィーチャーを作成する

押し出し

＜操作手順＞

1	スケッチを描く平面を選択します
2	スケッチ編集状態に切り替えます
3	スケッチを描きます
4	スケッチを終了します
5	フィーチャーを作成します

●フィーチャーの種類

フィーチャーはモデルを構成する単純な形状のことです。
代表的なものとして、押し出しフィーチャーのほかに回
転、ロフト、スイープがあります。

回転

ロフト

スイープ

Chapter **3**

部品の作成
部品を作成してみよう

1 新しく部品を作成する

ホルダー

1 部品ドキュメントを作成する

1 <メニューバー>「新規」をクリック

2 「新規SOLIDWORKSドキュメント」ダイアログボックスが現れます

3 「部品」を選択します

4 OKをクリック

5 新しく部品ドキュメントが開きます

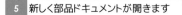

6 <ヘッズアップビューツールバー>「アイテムを表示/非表示」フライアウトボタン（▼）をクリック

7 「原点表示」をクリック

8 グラフィックス領域の中心に原点が表示されました

✔ グラフィックス領域の背景色は、<ヘッズアップビューツールバー>「シーン適用」から変更することができます。

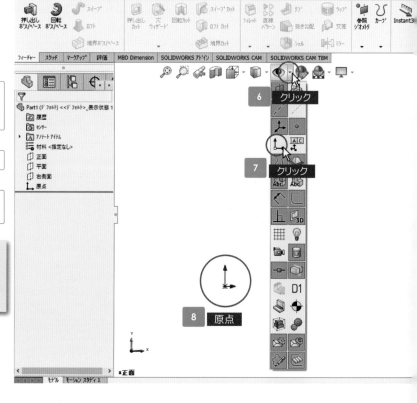

●部品ドキュメント画面構成

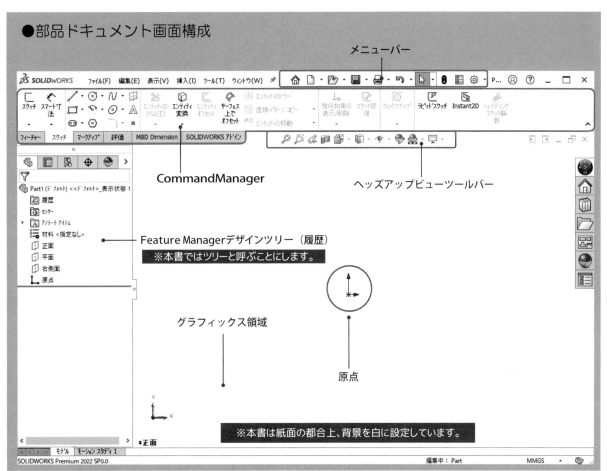

メニューバー

CommandManager

ヘッズアップビューツールバー

Feature Managerデザインツリー（履歴）
※本書ではツリーと呼ぶことにします。

グラフィックス領域

原点

※本書は紙面の都合上、背景を白に設定しています。

SOLIDWORKS Premium 2022 SP0.0　　　　編集中：Part　　　MMGS

●基本平面と原点

基本平面の「正面」「平面」「右側面」は、モデルを構築していくための"基準"として重要です。最初の形状を作成するには、必ずいずれかの平面を参照する必要があります。

また、基本平面の3面が交わる点が「原点」であり、スケッチを描くときなどの"基準"になります。表示されているのは無限に広がる平面の一部で、基本平面はスケッチやモデルに合わせて自動的に表示の大きさが変化します。

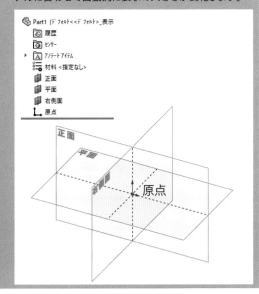

●アイテムを表示 / 非表示

<ヘッズアップビューツールバー>のアイテムを表示/非表示から、平面・原点・スケッチなどの各アイテムの表示をコントロールできます。

全タイプを表示/非表示
全タイプの表示状態をコントロールします。

アイテムを表示/非表示
グラフィックス領域内の各アイテムの表示状態をコントロールします。

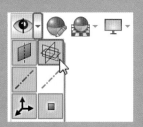

基本平面を一度に表示することができます。
<ヘッズアップビューツールバー>の「アイテムを表示/非表示」をクリックし、「基本平面の表示/非表示」をクリックで表示できます。

ツリーから表示するには表示したい面をクリックし、<コンテキストツールバー>で表示できます。

2 スケッチを描く

1 スケッチを開始する

🚪 正面

1	ツリーの「正面」をクリック
2	グラフィックス領域に「正面」が現れます

✔ 現れた水色の長方形が基本3面の「正面」です。水色は要素が選択されていることを意味します。

3	<スケッチタブ>をクリック

スケッチ

4	「スケッチ」をクリック
5	スケッチ編集状態に入ります
6	Escキーを押すと
7	「正面」の選択を解除することができます

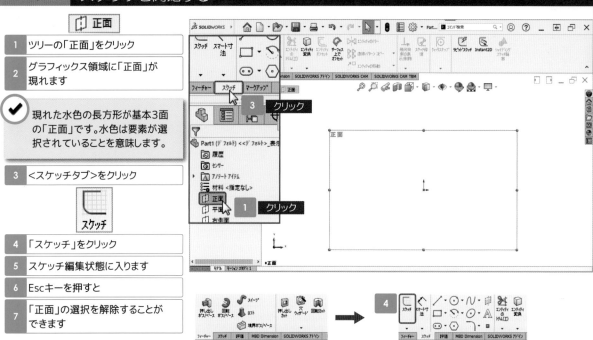

●スケッチ編集状態を確認してみよう

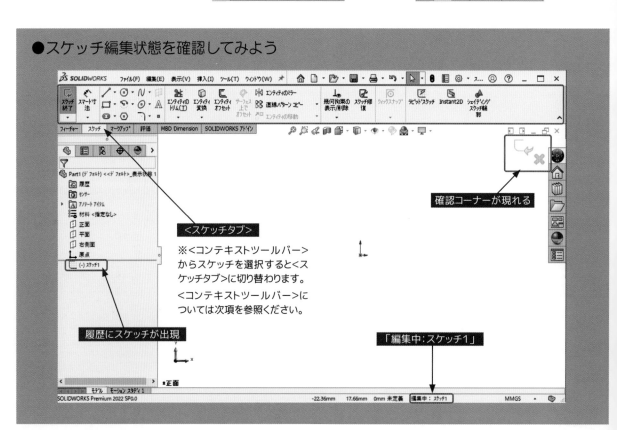

確認コーナーが現れる

<スケッチタブ>

※<コンテキストツールバー>からスケッチを選択すると<スケッチタブ>に切り替わります。
<コンテキストツールバー>については次項を参照ください。

履歴にスケッチが出現

「編集中：スケッチ1」

選択前と選択

マウスポインタを要素に合わせると、要素がオレンジ色にハイライトします。これは「選択前」を示します。続けてクリックすると、要素が水色にハイライトし、「選択」されていることを示します。

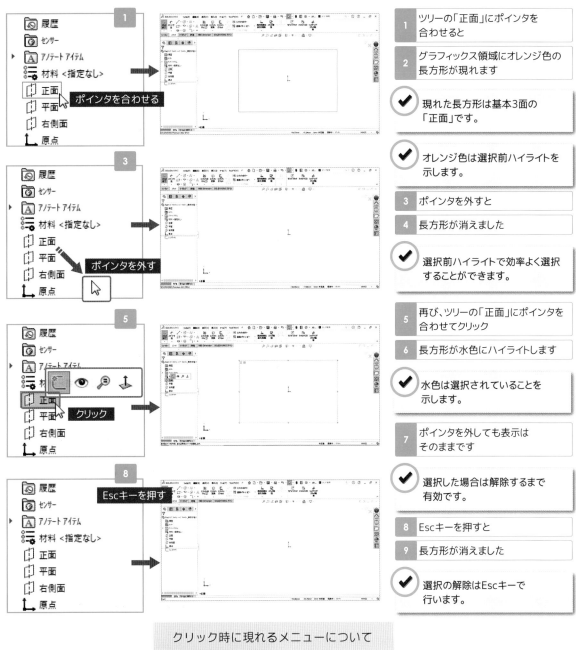

1 ツリーの「正面」にポインタを合わせると

2 グラフィックス領域にオレンジ色の長方形が現れます

✔ 現れた長方形は基本3面の「正面」です。

✔ オレンジ色は選択前ハイライトを示します。

3 ポインタを外すと

4 長方形が消えました

✔ 選択前ハイライトで効率よく選択することができます。

5 再び、ツリーの「正面」にポインタを合わせてクリック

6 長方形が水色にハイライトします

✔ 水色は選択されていることを示します。

7 ポインタを外しても表示はそのままです

✔ 選択した場合は解除するまで有効です。

8 Escキーを押すと

9 長方形が消えました

✔ 選択の解除はEscキーで行います。

クリック時に現れるメニューについて

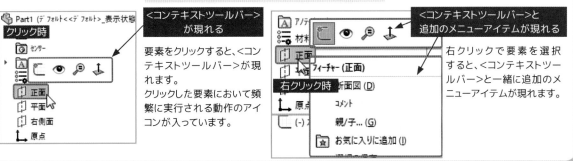

<コンテキストツールバー>が現れる

要素をクリックすると、<コンテキストツールバー>が現れます。
クリックした要素において頻繁に実行される動作のアイコンが入っています。

<コンテキストツールバー>と追加のメニューアイテムが現れる

右クリックで要素を選択すると、<コンテキストツールバー>と一緒に追加のメニューアイテムが現れます。

Chapter 3

1	<スケッチタブ> 「矩形フライアウトボタン」をクリック

2	「矩形コーナー」をクリック
3	ポインタが変化します
4	ポインタを原点に合わせると オレンジ色の丸いマークが現れます
5	そこでクリック
6	ポインタを右上に移動します
7	適当なところでクリック
8	Escキーを押すと
9	矩形コマンドが解除されます
10	矩形が描けました

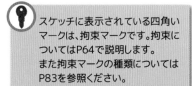

スケッチに表示されている四角い
マークは、拘束マークです。拘束に
ついてはP64で説明します。
また拘束マークの種類については
P83を参照ください。

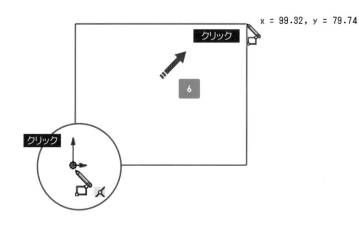

x = 99.32, y = 79.74

クリック

6

クリック

拘束マーク

操作をまちがえたときには

直前の操作を取り消すには

1	<メニューバー> 「取り消し」をクリック
2	直前の操作を取り消すことが できます

直前の操作が消える

取り消した操作をやり直すには

1	<メニューバー> 「編集」の「やり直し」をクリック
2	取り消した操作をやり直すことが できます

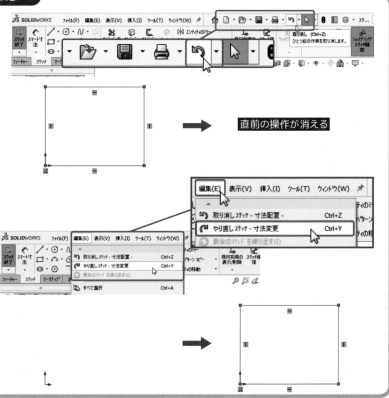

取り消しコマンドは「ツール」▶
「ユーザー定義」「コマンドタブ」
「標準」から<メニューバー>に追
加することができます。

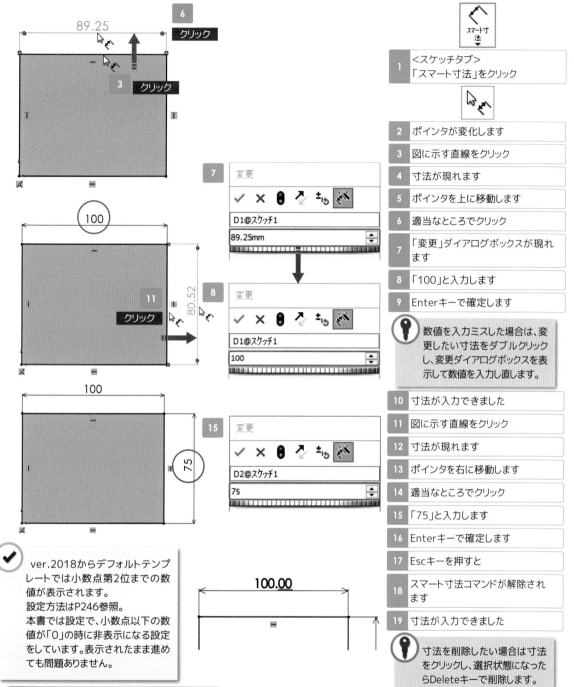

スマート寸法

1	<スケッチタブ>「スマート寸法」をクリック
2	ポインタが変化します
3	図に示す直線をクリック
4	寸法が現れます
5	ポインタを上に移動します
6	適当なところでクリック
7	「変更」ダイアログボックスが現れます
8	「100」と入力します
9	Enterキーで確定します

🔑 数値を入力ミスした場合は、変更したい寸法をダブルクリックし、変更ダイアログボックスを表示して数値を入力し直します。

10	寸法が入力できました
11	図に示す直線をクリック
12	寸法が現れます
13	ポインタを右に移動します
14	適当なところでクリック
15	「75」と入力します
16	Enterキーで確定します
17	Escキーを押すと
18	スマート寸法コマンドが解除されます
19	寸法が入力できました

🔑 寸法を削除したい場合は寸法をクリックし、選択状態になったらDeleteキーで削除します。

✔ ver.2018からデフォルトテンプレートでは小数点第2位までの数値が表示されます。
設定方法はP246参照。
本書では設定で、小数点以下の数値が「0」の時に非表示になる設定をしています。表示されたまま進めても問題ありません。

シェイディングスケッチ輪郭

オンの場合 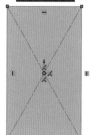　オフの場合

「シェイディングスケッチ輪郭」はスケッチの輪郭が閉じている状態を明示する機能です。オンのとき、描いたスケッチ輪郭が閉じている場合はその内側に色がつきます。

※本書では紙面上P131以降はオフに設定しています。

要素の選択方法と削除

不要な要素を削除するには、その要素を選択して Delete キーを押します。

まとめて選択する方法

1 要素を左から右へドラッグして囲みます

2 ドラッグの枠内に入った要素がすべて選択されます

✔ 右から左にドラッグした場合、枠に交差した要素も選択されます。

要素ごとに選択する方法

1 要素をクリックすると選択されます

✔ Ctrlキーを押しながら2本の線をクリックすると、2要素を同時に選択した状態になります。

選択した要素を削除する方法

1 選択した状態でDeleteキーを押すと削除されます

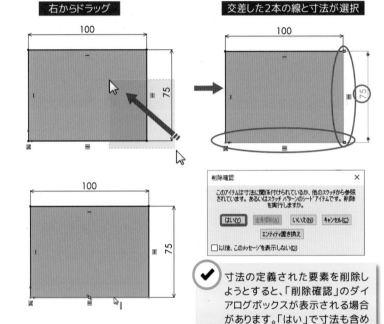

左からドラッグ / すべて選択 / 右からドラッグ / 交差した2本の線と寸法が選択

削除確認

このアイテムは寸法に関係付けられているか、他のスケッチから参照されています。あるいはスケッチパターンのシードアイテムです。削除を実行しますか。

[はい(Y)] 全削除(A) いいえ(N) キャンセル(C)
エンティティ置き換え
□以後、このメッセージを表示しない(D)

✔ 寸法の定義された要素を削除しようとすると、「削除確認」のダイアログボックスが表示される場合があります。「はい」で寸法も含めて削除されます。

---

4 ## スケッチを終了する

1 「スケッチ終了」をクリック

2 スケッチ編集状態から部品編集状態に戻ります

✔ 部品編集状態になるとグラフィックス領域の確認コーナーの表示が消えます。

3 「スケッチ1」がツリーに追加されています

✔ 通常、スケッチ編集を終了した直後は、スケッチが選択された状態(水色)になります。

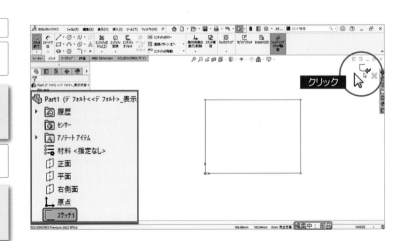

終了したスケッチの編集方法

スケッチを修正する必要がある場合や、間違えてスケッチを終了してしまった場合などに、再びスケッチを編集することができます。

再びスケッチを編集するには

1 ツリーから、編集するスケッチにポインタを合わせます

2 右クリックするとメニューが表示されます

3 <コンテキストツールバー>「スケッチ編集」をクリックすると

4 スケッチ編集状態に入ります

✔ スケッチ編集状態になるとグラフィックス領域に確認コーナーが現れます。

Chapter 3

スケッチ編集の終了

例えば、矩形から円にスケッチ編集した時

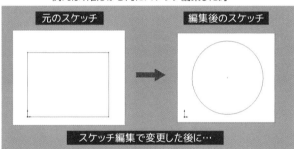

元のスケッチ　　　編集後のスケッチ

スケッチ編集で変更した後に…

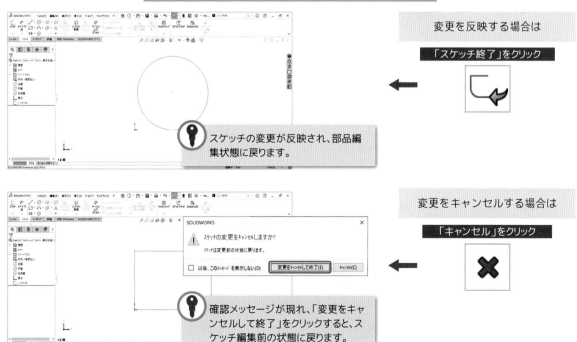

変更を反映する場合は

「スケッチ終了」をクリック

🔑 スケッチの変更が反映され、部品編集状態に戻ります。

変更をキャンセルする場合は

「キャンセル」をクリック

🔑 確認メッセージが現れ、「変更をキャンセルして終了」をクリックすると、スケッチ編集前の状態に戻ります。

3 スケッチを押し出して立体を作る

1 スケッチを押し出す

1 スケッチが選択されているかを確認します

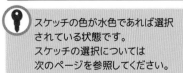

スケッチの色が水色であれば選択されている状態です。
スケッチの選択については次のページを参照してください。

2 <フィーチャータブ>「押し出しボス/ベース」をクリック

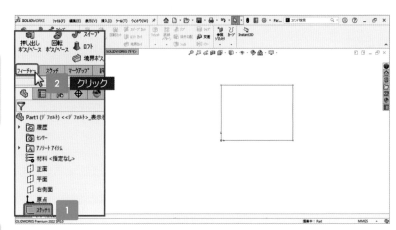

✔ スケッチを終了するとCommand Managerが、<スケッチタブ>から<フィーチャータブ>へ切り替わります。切り替わらない場合は、<フィーチャータブ>をクリックします。

3 コマンドに入ると、ツリーがプロパティマネージャーに切り替わります

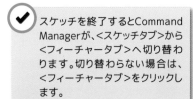

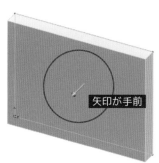

矢印が手前

4 スケッチが押し出されます

5 押し出し方向を確認します

6 OKをクリック

7 立体ができました

🔑 お使いのSOLIDWORKSのバージョンによっては、フィーチャーの呼称が若干異なることがあります。

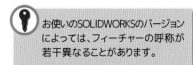

✔ ツリーに記録されるスケッチやフィーチャーには作成順に連番が付加されます。番号が一致していなくても問題はありません。

スケッチの選択

スケッチ未選択状態

ツリーからスケッチを選択した状態

線が灰色に表示

線が全体が水色に表示

クリック

履歴の参照関係表示

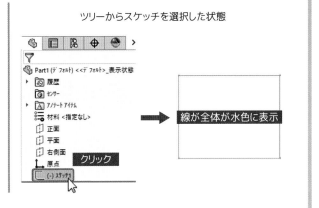

右クリック

検索... (F)

部品 (Part1)

非表示のツリー アイテム

※本書では表示を
オフにしています。

クリック

履歴の前後で参照関係をもっているスケッチやフィーチャーを矢印で
現すことができます。表示のオン・オフはツリーのドキュメント名を右ク
リックすると現れる<コンテキストツールバー>から、「ダイナミック参
照の可視化(親)」、「ダイナミック参照の可視化(子)」のボタンをクリッ
クして切り替えます。

親子関係とは

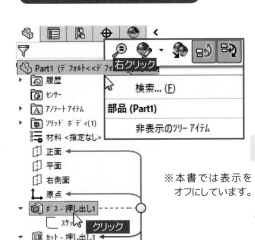

ボス-押し出し1

親

子

正面

原点

ボス押し出し1はそのスケッチが正
面と原点を参照しているので「ボ
ス押し出し1」にとって「正面」と「原
点」は「親」になります。

ボス押し出し1による立体ができて
から、その面を参照してスケッチ2
が描かれ、カット押し出し1はスケッ
チ2を使っているので、「ボス押し出
し1」にとって「スケッチ2」と「カット
押し出し1」は「子」になります。

階層リンク

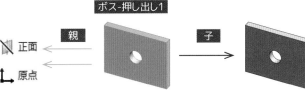

階層リンク

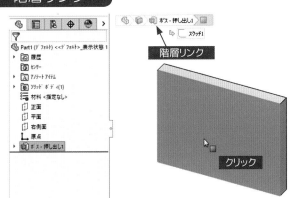

クリック

モデルの面をクリックすると階層リンクが
現れ、その面の形成に関わるスケッチと
フィーチャーが表示されます。

4 モデルの表示操作

1 表示の拡大縮小

1 マウスのホイールを手前に転がすと

2 ポインタの位置を中心に拡大します

3 マウスのホイールを奥に転がすと

4 ポインタの位置を中心に縮小します

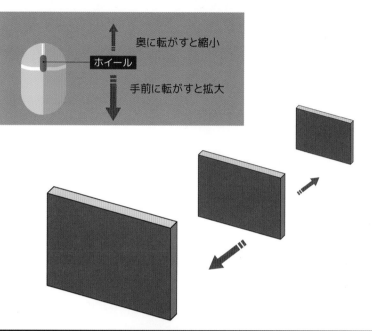

奥に転がすと縮小

ホイール

手前に転がすと拡大

✓ 操作説明では原点を非表示にしています。原点の表示方法はP32を参照してください。

2 ウィンドウにフィット

1 <ヘッズアップビューツールバー>「ウィンドウにフィット」をクリック

2 モデルがウィンドウに合わせた大きさになります

✓ 表示の向きはそのまま保たれます。

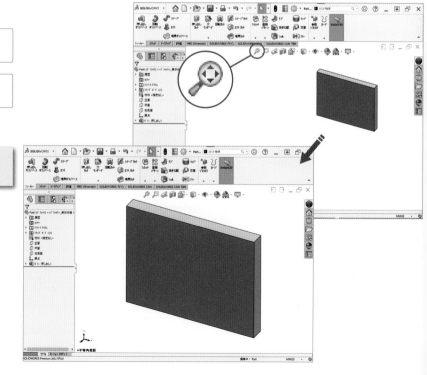

3 　表示の平行移動

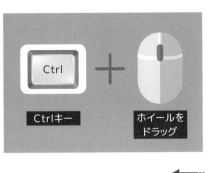

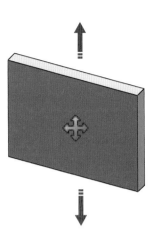

1 Ctrlキーを押しながらマウスの
ホイールをドラッグすると

2 ポインタが変化し、モデルを
平行移動できます

4 　表示の回転

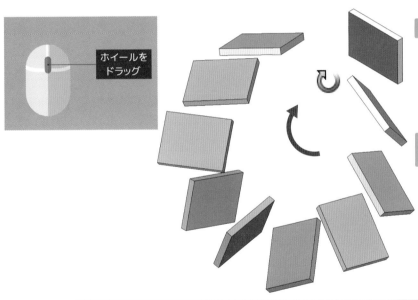

1 マウスのホイールをドラッグすると

2 ポインタが変化し、モデルを回転
できます

5 　一部を拡大

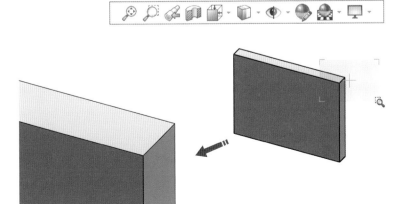

1 <ヘッズアップビューツールバー>
「一部拡大」をクリック

2 ポインタが変化します

3 拡大する部分をドラッグして囲みます

4 囲まれた部分が拡大します

5 Escキーを押すと一部拡大コマンド
が解除されます

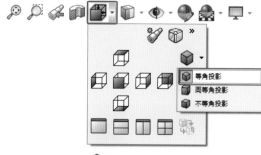

1 <ヘッズアップビューツールバー>
「表示方向」をクリック

2 フライアウトボタンから
「等角投影」をクリック

3 モデルの表示が等角投影になり、
ウィンドウにフィットします

‡等角投影

座標軸の表示が変わります

● 標準表示方向を確認してみよう

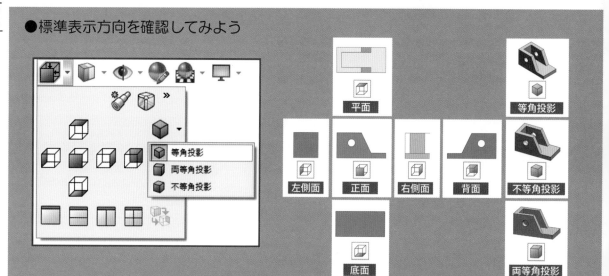

● ビューセレクター

ビューセレクターは、モデルの表示方向を簡単に選ぶことができるツールです。モデルの
周囲に現れる面の中から表示させたい向きの面を直接クリックして選びます。
※本書では設定をオフにして解説しています。

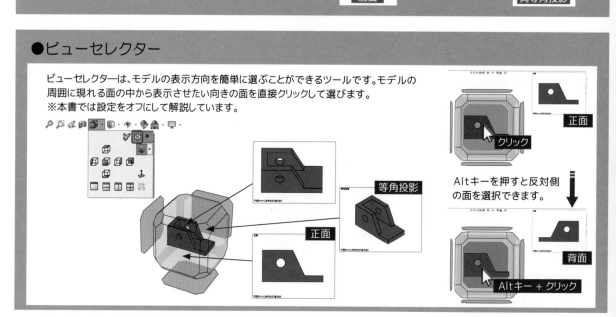

●2面/4面ビュー

グラフィックス領域を2面または4面に分割して複数のビューを表示することができます。

リンクの記号が表示されているビュー同士は連動して動きます。リンク記号を右クリックして「ビューのリンク」を解除すると、それぞれのビュー内のモデルを単独で動かすことができます。

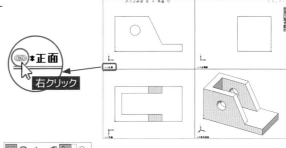

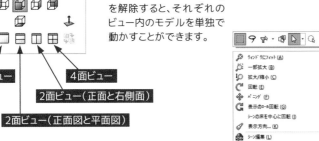

| 単一ビュー | 4面ビュー |

2面ビュー(正面と右側面)

2面ビュー(正面図と平面図)

4面ビューでは、第1角法または第3角法の3面図と不等角投影図が表示されます。投影法の切り替えは、システムオプションのディスプレイの「4面ビューポートの投影タイプ」で選択します。

●選択とポインタ

ポインタを要素に合わせると選択可能な要素がオレンジ色にハイライトし、ポインタの形が変わります。

そのままクリックすると水色にハイライトし、「選択」の状態になります。
選択を解除するには、キーボードのEscキーを押します。

●マウスジェスチャー

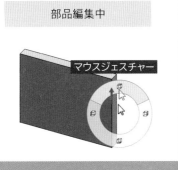

| 部品編集中 | スケッチ編集中 |

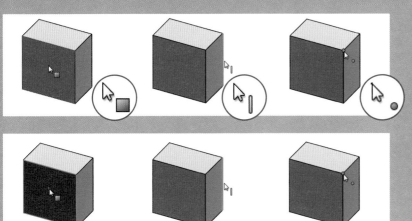

マウスの右ボタンでドラッグを始めるとマウスジェスチャーが表示されます。
表示されたコマンドの方向にそのままドラッグするとコマンドが選択できます。
部品編集中とスケッチ編集中でマウスジェスチャーに表示されるコマンドが異なります。

5 モデルの中身をくり抜く

| 1 | <ヘッズアップビューツールバー>「表示方向」のフライアウトボタンから「不等角投影」をクリック |

| 2 | <フィーチャータブ>「シェル」をクリック |

| 3 | ツリーがプロパティマネジャーに切り替わります |

| 4 | 厚みを「2」と入力します |

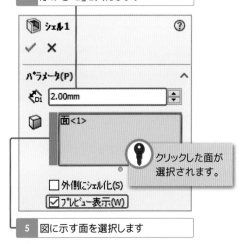

シェル1 ⑦
✓ ✕

パラメータ(P) ∧

2.00mm ▲▼

面<1>

クリックした面が選択されます。

□ 外側にシェル化(S)
☑ プレビュー表示(W)

| 5 | 図に示す面を選択します |

| 6 | 形状がプレビューされます |

✔ 「プレビュー表示」にチェックを入れることでプレビューされます。

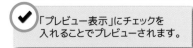

| 7 | OKをクリック |

| 8 | モデルの中身がくり抜かれました |

✔ この面を選択。色が水色になります。

5

✔ 選択する面を間違えてしまった場合には、選択した面をもう一度クリックすると解除できます。

6

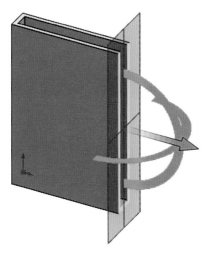

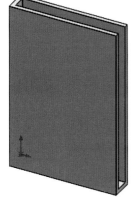

1 ＜ヘッズアップビューツールバー＞
「断面表示」をクリック

2 「右側面」を選択します

断面表示

図面断面表示
A→| A
A→|

断面1 　　　クリック

右側面

50.00mm

0.00deg

3 距離を「50」と入力します

右側面から50mm離れた
位置の断面が表示され
ます。

4 OKをクリック

5 断面が表示されました

6 「断面表示」をクリックすると解除
できます

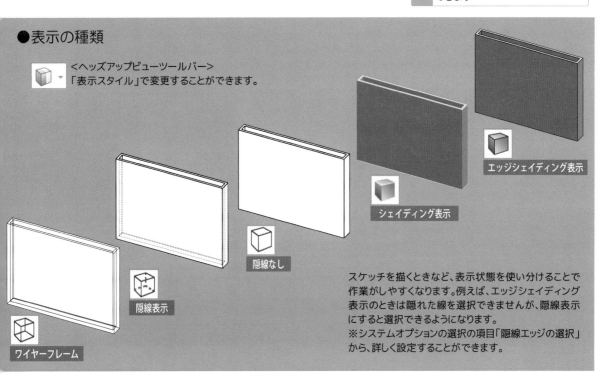

●表示の種類

＜ヘッズアップビューツールバー＞
「表示スタイル」で変更することができます。

エッジシェイディング表示

シェイディング表示

隠線なし

隠線表示

ワイヤーフレーム

スケッチを描くときなど、表示状態を使い分けることで
作業がしやすくなります。例えば、エッジシェイディング
表示のときは隠れた線を選択できませんが、隠線表示
にすると選択できるようになります。
※システムオプションの選択の項目「隠線エッジの選択」
から、詳しく設定することができます。

6 スケッチを押し出して モデルをカットする

1　モデルの面を選択してスケッチを描く

1 図に示す面を選択します

2 <スケッチタブ>をクリック

✔ CommandManagerの
<スケッチタブ>をクリックしてタ
ブを切り替えます。

スケッチ

3 「スケッチ」をクリック

4 スケッチ編集状態に入ります

5 <ヘッズアップビューツールバー>
「表示方向」の「選択アイテムに垂
直」をクリック

✔ 選択面に対して垂直に表示する
コマンドです。
スケッチが描きやすくなります。

6 Escキーで面の選択を解除します

🔑 スケッチ編集状態に入っても、参照
した面の選択が継続しています。
選択を解除するにはEscキーを押
す、またはグラフィックス領域内で
モデルのない部分をクリックしま
す。

一致のマークが現れます。

1	「矩形コーナー」をクリック

2	ポインタを図に示すエッジに合わせると

3	ポインタの右下に一致のマークが現れます

4	マークが表示されたところでクリック

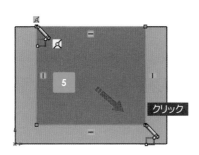

5	図のようにポインタを移動します

6	図に示す位置でクリック

7	Escキーで矩形コマンドを解除します

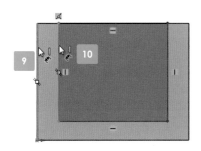

8	「スマート寸法」をクリック

9	モデルのエッジをクリック

10	スケッチの直線をクリック

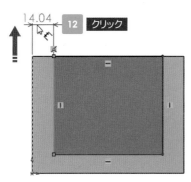

14.04

11	寸法が現れます

12	ポインタを上に移動して適当なところでクリック

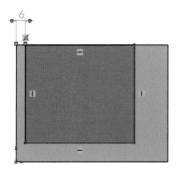

6

変更

D1@スケッチ2

6

13	「6」と入力します

14	Enterキーで確定します

| 15 | 同様にして、残りの寸法を入力します |

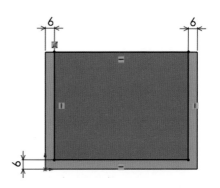

✔ スケッチの線が青色から黒色に変わります。

| 16 | スケッチを終了します |

3　スケッチを押し出してモデルをカットする①

| 1 | スケッチが選択されているかを確認します |

✔ スケッチの選択についてはP41を参照ください。

押し出しカット

| 2 | <フィーチャータブ>「押し出しカット」をクリック |

| 3 | <ヘッズアップビューツールバー>「表示方向」のフライアウトボタンから「等角投影」をクリック |

✔ プレビューが確認しやすいように、表示の向きを整えます。

カット - 押し出し ⑦
✓ ✕ ◉

次から(F)　∧
スケッチ平面　∨

方向1　∧
↗ 次サーフェスまで　∨
↗ [　　　　　]
☐ 反対側をカット(F)

| 4 | 押し出し状態を「次サーフェスまで」にします |

🔑 押し出し状態についてはP86を参照ください。

✔ 次サーフェスまでを指定すると、スケッチを描いた面から次の面までをカットします。

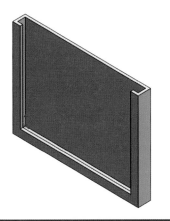

5	OKをクリック

6	モデルをカットすることができました

4 円を描く

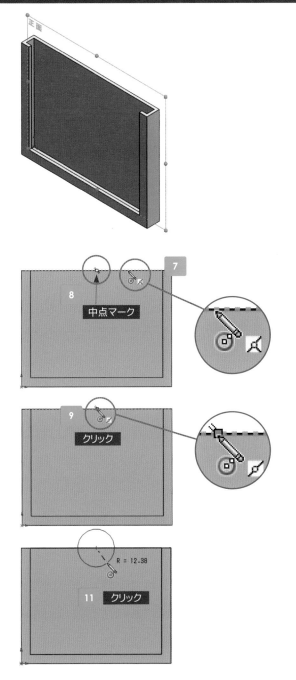

正面

1	ツリーの「正面」を選択します

スケッチ

2	<スケッチタブ>「スケッチ」をクリック

3	「選択アイテムに垂直」をクリック

4	Escキーで面の選択を解除します

5	<スケッチタブ>「円」をクリック

6	ポインタが変化します

7	ポインタを図に示すエッジに合わせると

8	中点マークが現れます

9	ポインタを中点マークに合わせてクリック

10	ポインタを動かすと円が現れます

11	適当なところでクリック

中点マーク

クリック

R = 12.98

クリック

12	円が描けました

13	Escキーで円コマンドを解除します

✔ SOLIDWORKSのバージョンにより要素が選択された状態になる場合があります。Escキーを押して選択を解除します。

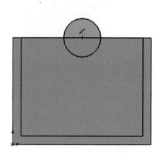

14	「スマート寸法」をクリック

15	円をクリック

16	寸法が現れます

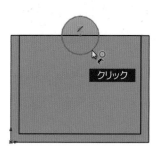

17	図に示す位置でクリック

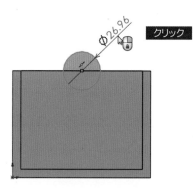

変更

D1@スケッチ3

16

18	「16」と入力します

19	Enterキーで確定します

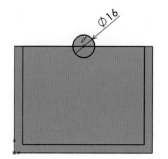

20	スケッチを終了します

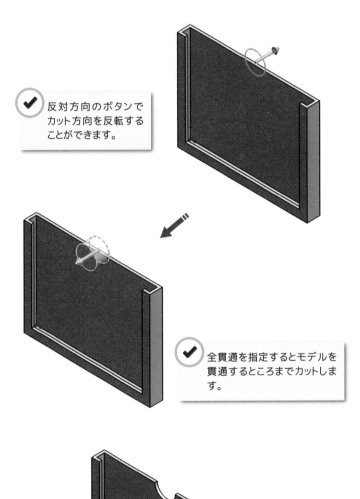

✔ 反対方向のボタンで
カット方向を反転する
ことができます。

✔ 全貫通を指定するとモデルを
貫通するところまでカットしま
す。

1 スケッチが選択されているかを
確認します

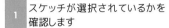

2 <フィーチャータブ>
「押し出しカット」をクリック

3 「等角投影」をクリック

4 反対方向をクリック

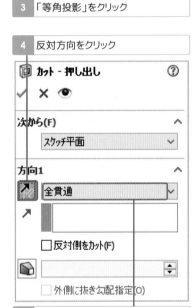

🔲 カット - 押し出し　　　　　⑦
　✔　✕　👁

次から(F)　　　　　　　　　∧
　スケッチ平面　　　　　　　　∨

方向1　　　　　　　　　　　∧
　⬈　全貫通　　　　　　　　　∨
　⬈　[　　　　　　　　　]
　　□反対側をカット(F)
　🔲　[　　　　　　　　] ⬍
　　□外側に抜き勾配指定(O)

5 押し出し状態を「全貫通」にします

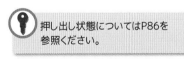
🔑 押し出し状態についてはP86を
参照ください。

6 OKをクリック

7 モデルをカットすることができました

Chapter 3

Chapter 3 ▶ 部品の作成

7 モデルに 形状を追加する

1 中心線を描く

1	ツリーの「正面」を選択します

2	<スケッチタブ> 「スケッチ」をクリック

3	「選択アイテムに垂直」をクリック
4	モデルの正面が垂直に表示されます

5	さらに、「選択アイテムに垂直」を クリック
6	モデルの背面が垂直に表示されます
7	Escキーで面の選択を解除します

8	<スケッチタブ> 「直線フライアウトボタン」をクリック

 中心線(N)

9	「中心線」をクリック

10	ポインタが変化します

✔	プロパティマネージャーのオプション を見ると、作図線にチェックが 入っています。

11	図に示す円弧のエッジにポインタを 合わせます
12	中点に合わせてクリック
13	図に示すエッジにポインタを 合わせます
14	中点に合わせてクリック
15	Escキーで中心線コマンドを 解除します

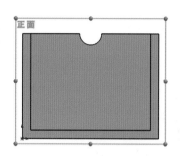

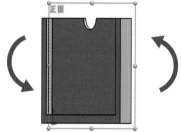

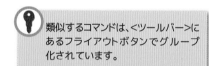
類似するコマンドは、<ツールバー>に
あるフライアウトボタンでグループ
化されています。

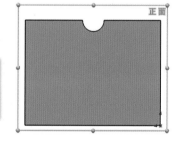
中点でクリック

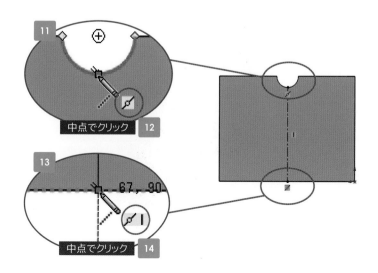
67, 90
中点でクリック

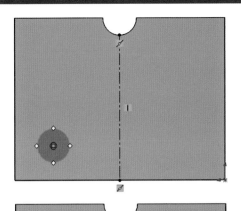

1 「円」をクリック

2 図に示す位置に円を描きます

3 Escキーで円コマンドを解除します

✓ 要素が選択状態の場合は
Escキーを押して選択解除します。

🔑 円は中心点ではなく円弧
を選択するようにします。

🔑 中心線のエッジ部分を選択し
ます。端点では対称寸法にな
りません。

4 「スマート寸法」をクリック

5 円弧をクリック

✓ 円の直径寸法が現れますが、
続けて選択します。

6 中心線をクリック

7 円の中心から中心線までの寸法が
現れます

8 ポインタを中心線の右側に移動すると

9 中心線をはさんだ対称寸法に変化
します

10 適当なところでクリック

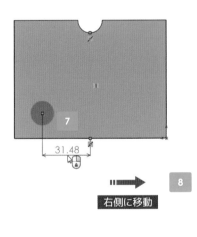

31.48

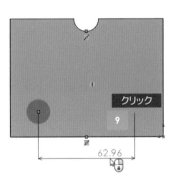

クリック

8 右側に移動

62.96

変更

✓ ✕ 🔘 ±₁₀ 🖌

D1@スケッチ4

75

11 「75」と入力します

12 Enterキーで確定します

13 残りの寸法を入力します

14 スケッチを終了します

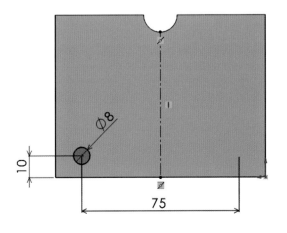

⌀8

10

75

<table>
<tr><td>1</td><td>スケッチが選択状態になっていることを確認します</td></tr>
</table>

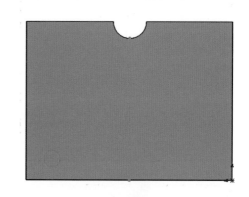

<table>
<tr><td>2</td><td>＜フィーチャータブ＞
「押し出しボス/ベース」をクリック</td></tr>
</table>

<table>
<tr><td>3</td><td>図のように表示を回転させて調整します</td></tr>
</table>

<table>
<tr><td>4</td><td>押し出し状態を「ブラインド」にします</td></tr>
</table>

<table>
<tr><td>5</td><td>反対方向をクリック</td></tr>
</table>

方向1 4

ブラインド

5.00mm

☑ 結果のマージ(M)

☐ 外側に抜き勾配指定(O)

<table>
<tr><td>6</td><td>厚みを「5」と入力します</td></tr>
</table>

<table>
<tr><td>7</td><td>OKをクリック</td></tr>
</table>

<table>
<tr><td>8</td><td>突起を追加することができました</td></tr>
</table>

Chapter 3

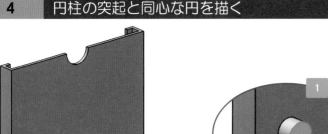

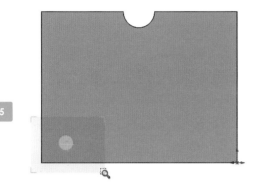

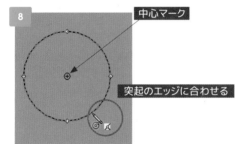

中心マーク

突起のエッジに合わせる

円や円弧の中心をスナップするには、スケッチコマンドに入った状態でポインタを円に合わせると中心マークが現れます。

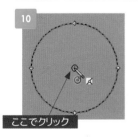

ここでクリック

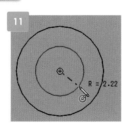

R = 2.22

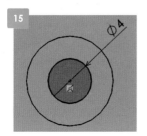

Φ4

1	図に示す面を選択します

スケッチ

2	<スケッチタブ>「スケッチ」をクリック

3	「選択アイテムに垂直」をクリック

4	「一部拡大」をクリック

5	図に示す部分をドラッグし囲みます

6	Escキーを2回押します

1回目で一部拡大が解除され2回目で面選択が解除されます。

7	「円」をクリック

8	ポインタを突起のエッジに合わせると

9	中心マークが現れます

10	中心マークにポインタを合わせてクリック

11	ポインタを動かして図に示す位置でクリック

12	突起と同心の円が描けました

13	Escキーでコマンドを解除します

14	「スマート寸法」をクリック

15	図のような寸法を入力します

16	Escキーでコマンドを解除します

17	スケッチを終了します

Chapter 3

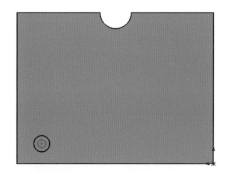

| 1 | スケッチが選択状態になっている
ことを確認します |

| 2 | <フィーチャータブ>
「押し出しカット」をクリック |

| 3 | 「不等角投影」をクリック |

| 4 | 押し出し状態を
「次サーフェスまで」にします |

方向1

次サーフェスまで

□ 反対側をカット(F)

□ 外側に抜き勾配指定(O)

| 5 | OKをクリック |

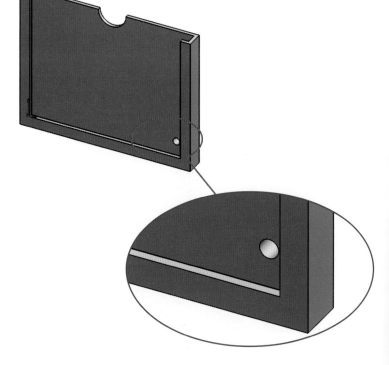

| 6 | 穴があきました |

Chapter 3

寸法の入力〈一方が円の場合の距離〉

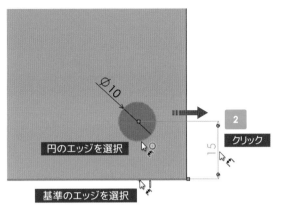

円のエッジを選択

基準のエッジを選択

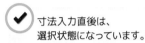

1 円と直線の間に寸法を入力します

🔑 寸法を入力するときに円の中心を選択してしまうと、寸法位置を切り替えることができません。

2 寸法をクリックし、選択状態にします

✅ 寸法入力直後は、選択状態になっています。

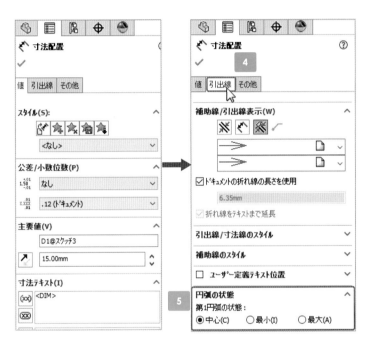

3 プロパティマネージャーが「寸法配置」になっています

4 寸法配置の<引出線タブ>をクリック

5 円弧の状態を選択すると

6 寸法の位置を切り替えることができます

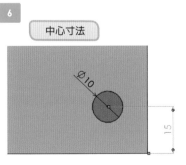

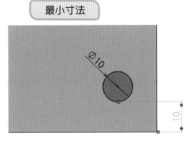

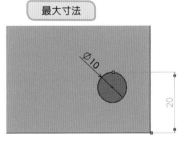

8 形状を複写する

1　突起と穴を複写する

1 Escキーでフィーチャーの選択を解除します

2 図のように表示を回転させて調整します

3 <フィーチャータブ>「直線パターン」をクリック

4 図に示すエッジを選択します

5 図に示す方向に矢印が表示されます

直線パターン

✓ ✕

方向 1(1)

↗ エッジ<1>

◉ 間隔とインスタンス(S)
○ 参照アイテム指定(U)

D1 75.00mm

#️⃣ 2

☑ フィーチャーと面(F)

パターン化するフィーチャー

🔑 矢印の方向が反対の場合は反対方向をクリックします。

✔ インスタンス数とは、複写する数量のことです。複写元も含めた数を入力します。

6 間隔を「75」と入力します

7 インスタンス数を「2」にします

8 「パターン化するフィーチャー」をクリック

9 「一部拡大」で突起周辺を拡大します

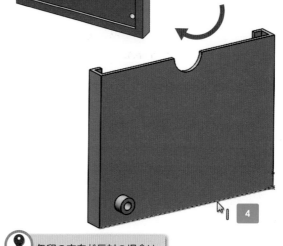

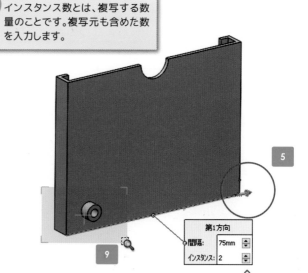

第1方向
間隔: 75mm
インスタンス: 2

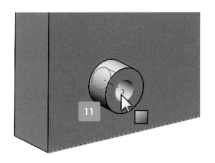

10	Escキーで一部拡大コマンドを解除します

11	図に示す面を選択します

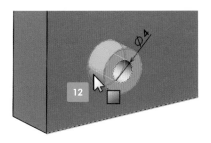

12	続けて図に示す面を選択します

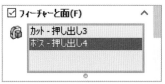

☑ フィーチャーと面(F) ⌃

🔲 カット - 押し出し3
ボス - 押し出し4

🔑 選択した2つのフィーチャーが表示されます。

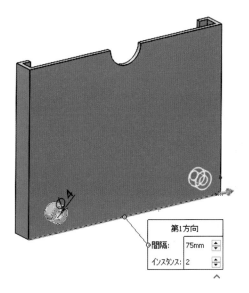

第1方向

間隔: 75mm

インスタンス: 2

🔍

13	「ウィンドウにフィット」をクリック

14	形状がプレビューされます

🔑 方向、形状が合っているかを確認します。

15	OKをクリック

16	突起と穴を複写することができました

Chapter 3 ▶ 部品の作成

9 角を丸める

1 角を丸める

1 「等角投影」をクリック

フィレット

2 <フィーチャータブ>
「フィレット」をクリック

3 フィレットタイプを
固定サイズフィレットに合わせます

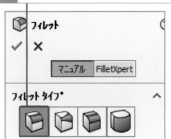

4 半径を「2」と入力します

5 図に示すエッジ(4カ所)を選択
します

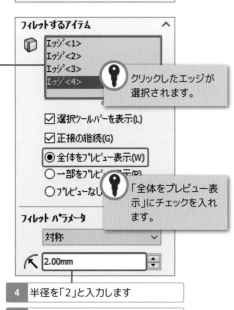

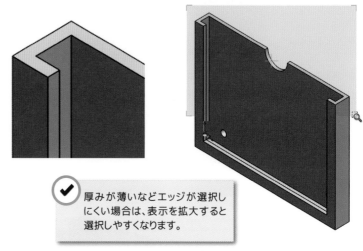

✓ 厚みが薄いなどエッジが選択し
にくい場合は、表示を拡大すると
選択しやすくなります。

🔑 クリックしたエッジが
選択されます。

🔑 「全体をプレビュー表
示」にチェックを入れ
ます。

5

選択する部分を間違えてしまった場合には

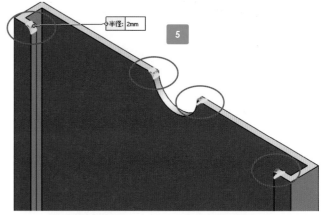

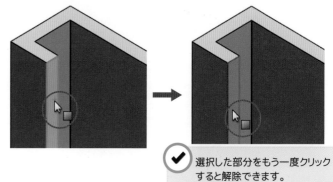

✓ 選択した部分をもう一度クリック
すると解除できます。

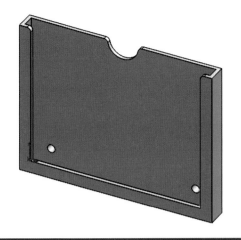

6	OKをクリック
7	角に丸みがつきました

✔ 表示を不等角投影にして、モデル全体の形状を確認してみましょう。

| 8 | 「ホルダー」が完成しました |

2 部品ドキュメントを保存する

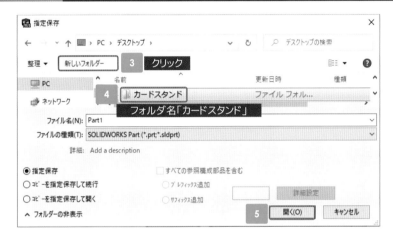

1	保存をクリック
2	「指定保存」ダイアログボックスが現れます
3	「新しいフォルダ」をクリック
4	フォルダ名に「カードスタンド」と入力します
5	「開く」をクリック

6	ファイル名に「ホルダー」と入力します
7	保存をクリック
8	部品ドキュメントに名前をつけて保存ができました

9	画面右上の閉じるボタンをクリック
10	部品ドキュメントが閉じました

Chapter 3 ▶ 部品の作成

10 スケッチの完全定義

●スケッチの完全定義

矛盾のない完全なモデルを作成するには、スケッチを完全定義にする必要があります。
完全定義とは、図形に寸法や幾何拘束などの情報を与えて形状を定義することです。

完全定義にするための3つの情報

1　形状の情報－どのような形をしているか

2　大きさの情報－大きさはどのくらいか

3　位置の情報－空間のどこにあるのか

この3つの情報をスケッチに与えることで、完全定義にすることができます

| 1 | スケッチ拘束の表示設定 |

 図形に付加されている拘束情報が判別
できるように拘束マークを表示します。
※すでにオンの場合は、次にお進みください。

| 1 | 新しく部品ドキュメントを開きます |

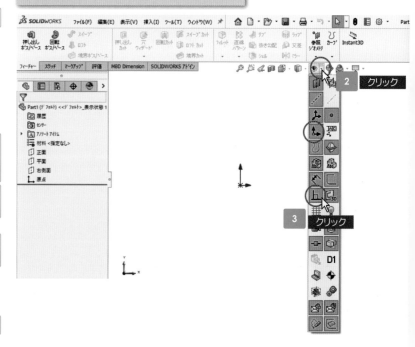

| 2 | <ヘッズアップビューツールバー>「アイテムの表示/非表示」のフライアウトボタン(▼)をクリック |

| 3 | 「スケッチ拘束関係の表示」をクリックすると |

| 4 | 拘束マークが表示されるようになります |

| 5 | 同様の手順で原点も表示します |

Chapter 3

通常、スケッチを描くときに自動で拘束情報を付加することができます。本Chapterでは拘束の理解を深めるために、手動で拘束情報を付加していきます。そのため、自動拘束の機能をオフに設定します。

{⚙}

1	「オプション」をクリック

2	オプション設定画面が現れます

3	「拘束/スナップ」をクリックします

4	「スナップをオンにする」のチェックを外します

5	OKをクリックすると、設定が反映されます

拘束マークとは

拘束マークとはスケッチの要素に設定されている幾何拘束を表す緑のマークのことです。「スケッチ拘束関係の表示」

⌐| がオンの場合、スケッチ編集中の要素に設定されているすべての幾何拘束が緑のマークで表示されます。

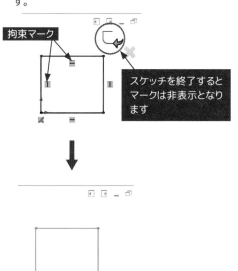

拘束マーク

スケッチを終了するとマークは非表示となります

スナップとは

スナップとはスケッチを描きやすくするための要素を拾う機能です。
コマンドに入っている状態でマウスポインタを近づけると、要素がハイライトします。現れる黄色い拘束はその状態でクリックすると設定される拘束です。ここでは説明のため、この機能をオフにしていますが、P73でオンに戻しています。

スナップ機能オンの場合

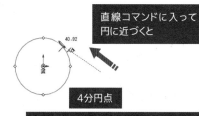

直線コマンドに入って円に近づくと

40.92

4分円点

円や4分点などがハイライトし、一致や正接の拘束マークが表示されます

スナップ機能オフの場合

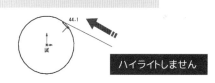

44.1

ハイライトしません

Chapter 3

平面

1	ツリーの「平面」をクリック
2	グラフィックス領域に「平面」が現れます
3	<スケッチタブ>をクリック

スケッチ

4	「スケッチ」をクリック
5	スケッチ編集状態に入ります
6	Escキーで面の選択を解除します

7	「直線」をクリック
8	図のようなスケッチを描きます
9	Escキーで直線コマンドを解除します
10	図に示す点をドラッグすると
11	自由に変形できます

| 12 | 図に示す直線のエッジを選択します |
| 13 | ツリーが直線プロパティに切り替わります |

直線プロパティ　②

既存拘束関係　∧

拘束が何もついていません。

① 未定義

基本3面の「平面」が水色で現れます。

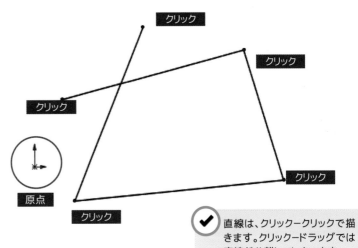

クリック

クリック

クリック

クリック

クリック

原点

直線は、クリックークリックで描きます。クリックードラッグでは直線が分離してしまいます。

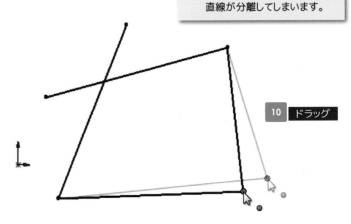

10 ドラッグ

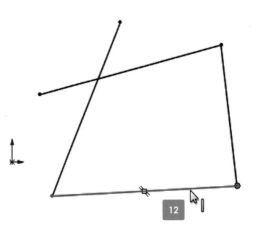

12

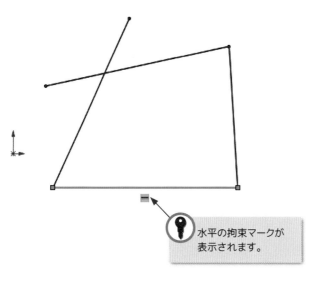

14 「水平」をクリック

拘束関係追加 ∧

— 水平(H)

| 鉛直(V)

🔒 固定(F)

15 選択した直線が水平になりました

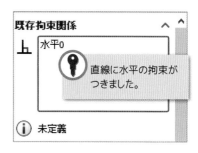

既存拘束関係 ∧

└ 水平0

🔑 直線に水平の拘束がつきました。

ⓘ 未定義

Chapter 3

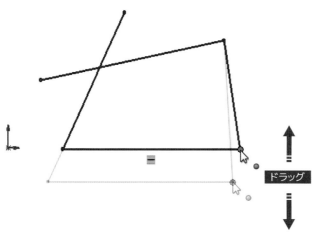

🔑 水平の拘束マークが表示されます。

16 図に示す点を上下にドラックすると

ドラッグ

17 直線は水平を保ったまま移動します

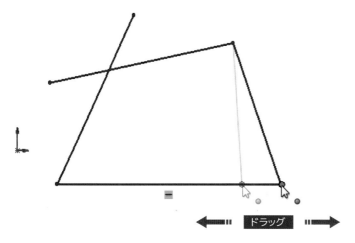

18 続けて、左右にドラックすると

19 長さが変わってしまいます

✔ 直線の長さが変わってしまうのは、図形に大きさの情報が足りないからです。

20 Escキーで選択を解除します

ドラッグ

Chapter 3

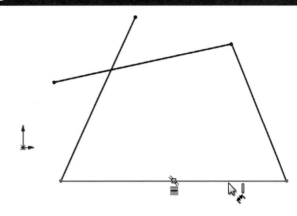

1	「スマート寸法」をクリック

2	図に示す直線をクリック

3	寸法が現れます

4	適当なところに配置します

5	「96」と入力します

変更

D1@スケッチ1

96

6	Enterキーで確定します

7	Escキーでスマート寸法コマンドを解除します

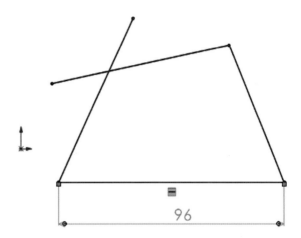

96

8	図に示す点をドラッグすると

9	直線は水平と一定の長さを保ったまま移動します

既存拘束関係

距離1

直線に距離の拘束がつきました。

(i) 未定義

✓ 直線が移動してしまうのは、図形に位置の情報が足りないからです。

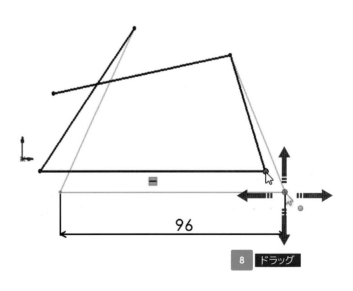

96

8	ドラッグ

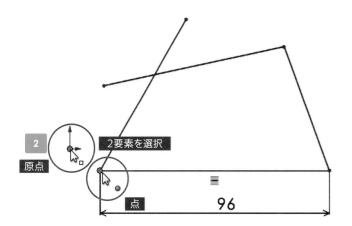

2要素を選択

原点

点

96

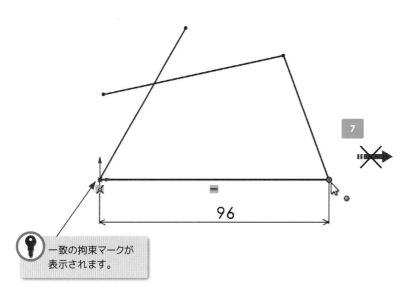

96

一致の拘束マークが
表示されます。

7

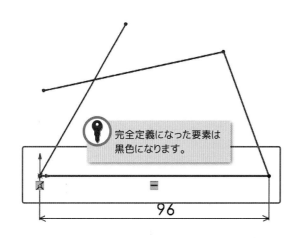

完全定義になった要素は
黒色になります。

96

Chapter **3**

1　Escキーで要素の選択を解除します

2　Ctrlキーを押しながら、図に示す点と
　原点を選択すると

3　点と原点の2要素が選択された
　状態になります

4　ツリーがプロパティに切り替わり
　ます

拘束関係追加 ∧

— 　**水平(H)**

| 　鉛直(V)

人 　一致(D)

5　「一致」をクリックすると

6　点が原点に一致しました

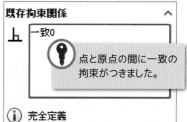

既存拘束関係 ∧

⊥ 　一致0

点と原点の間に一致の
拘束がつきました。

(i) **完全定義**

7　点をドラッグしてもまったく動きま
　せん

✓ 　直線は「形状」「大きさ」「位置」の
　情報が揃ったことにより、固定され
　た状態になりました。

8　直線が完全定義になりました

Chapter 3

スケッチ全体を完全定義にしていきます

1 図に示す直線を選択します

拘束関係追加 ︿
— 水平(H)
│ 鉛直(V)
⚓ 固定(F)

2 「鉛直」をクリック

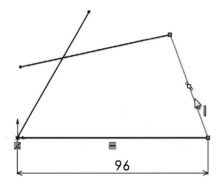

3 選択した直線が鉛直になりました

既存拘束関係 ︿
⊥ 鉛直1

直線に鉛直の拘束が
つきました。

ⓘ 完全定義

4 Escキーで選択を解除します

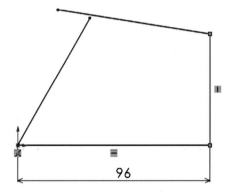

5 「スマート寸法」をクリック

6 図に示す寸法を入力します

7 Escキーでスマート寸法コマンドを
解除します

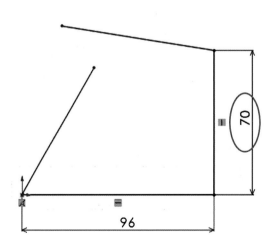

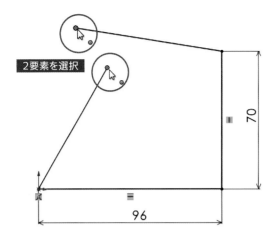

2要素を選択

70

96

8 Ctrlキーを押しながら、
図の端点と端点を選択します

拘束関係追加 ⌃

—	水平(H)
		鉛直(V)
⼈	一致(D)
🔒	固定(F)
✓	マージ(G)

9 「マージ」をクリック

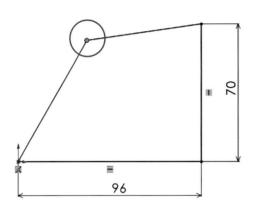

70

96

10 端点と端点が結合しました

既存拘束関係 ⌃

└

拘束が追加されて
いません。

ⓘ 未定義

Chapter 3

✓ マージは直線と直線をつなぎ合わせる
ために使われるコマンドであり、拘束
としては残りません。この場合は一
致拘束を選んでも同じ結果となりま
す。

マージと一致の違い

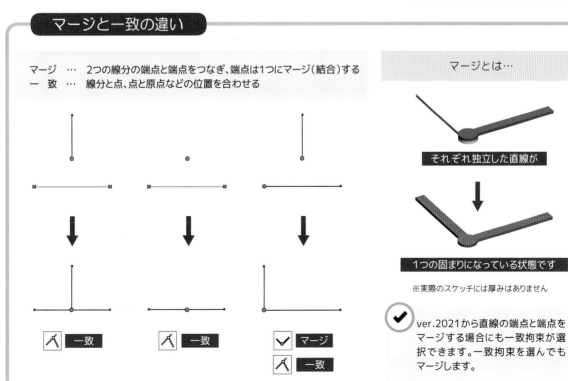

マージ … 2つの線分の端点と端点をつなぎ、端点は1つにマージ（結合）する
一 致 … 線分と点、点と原点などの位置を合わせる

⼈ 一致

⼈ 一致

✓ マージ

⼈ 一致

マージとは…

それぞれ独立した直線が

1つの固まりになっている状態です

※実際のスケッチには厚みはありません

✓ ver.2021から直線の端点と端点を
マージする場合にも一致拘束が選
択できます。一致拘束を選んでも
マージします。

11 Escキーで選択を解除します

12 Ctrlキーを押しながら、図に示す線と線を選択します

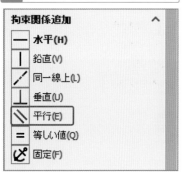

拘束関係追加 ∧
— 水平(H)
| 鉛直(V)
／ 同一線上(L)
⊥ 垂直(U)
◇ 平行(E)
= 等しい値(Q)
⊄ 固定(F)

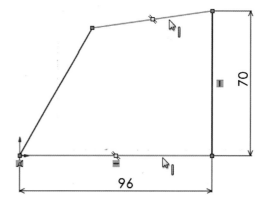

13 「平行」をクリック

14 選択した直線と直線が平行になりました

既存拘束関係 ∧
⊥ 平行2

🔑 2本の直線の間に平行の拘束がつきました。

ⓘ 完全定義

✔ 下の直線には既に水平拘束がついているため、上の直線が下の直線と平行となる位置に移動します。

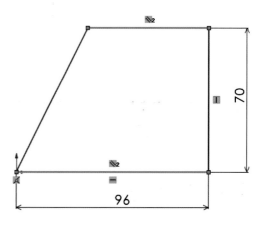

15 Escキーで選択を解除します

16 Ctrlキーを押しながら、図に示す線と線を選択します

拘束関係追加 ∧
— 水平(H)
| 鉛直(V)
／ 同一線上(L)
⊥ 垂直(U)
◇ 平行(E)
= 等しい値(Q)
⊄ 固定(F)

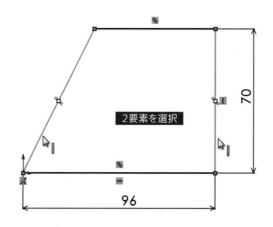

2要素を選択

17 「平行」をクリック

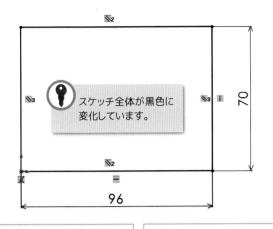

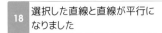

70

96

18 選択した直線と直線が平行に
なりました

19 Escキーで選択を解除します

20 スケッチが完全定義になりました

🔑 スケッチ全体が黒色に
変化しています。

| -97.69mm | 0mm | 未定義 | 編集中：スケッチ1 | ➡ | -21.6mm | 0mm | 完全定義 | 編集中：スケッチ1 |

✔ 画面右下の状態表示も未定義か
ら完全定義になりました。

🐢 Part1 (デフォルト) <<デフォルト>>_表示状態 1
▶ 🔗 履歴
　 📁 センサー
▶ 🔤 アノテートアイテム
　 🔩 材料 <指定なし>
　 🗋 正面
　 🗋 平面
　 🗋 右側面
　 ⌐ 原点
　 🔲 (-) スケッチ1

🐢 Part1 (デフォルト) <<デフォルト>>_表示状態 1
▶ 🔗 履歴
　 📁 センサー
▶ 🔤 アノテートアイテム
　 🔩 材料 <指定なし>
　 🗋 正面
　 🗋 平面
　 🗋 右側面
　 ⌐ 原点
　 🔲 スケッチ1

スケッチ終了後の完全定義と
なっていない場合のツリーの様子

スケッチ終了後の完全定義の
場合のツリーの様子

✔ スケッチが完全定義になると
ツリーの(-)が消えます。

21 スケッチを終了します

🔑 拘束について確認ができました。
自動拘束の機能を有効にするために、P65を参照してスナップをオンにしてください。

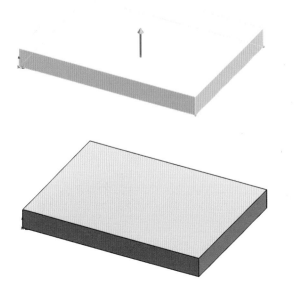

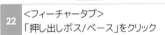

22 <フィーチャータブ>
「押し出しボス/ベース」をクリック

方向1	∧
↗	ブラインド ∨
↗	
🔷D1	10.00mm 🔼
🔷	🔼
☐ 外側に抜き勾配指定(O)	

23 厚さを「10」と入力します

24 OKをクリック

25 立体ができました

Chapter 3

Chapter 3　部品の作成

11 モデルの修正

1　スケッチ平面を変更する

モデルを作成する過程で、スケッチが描かれている平面を変更したい場合があります。
ここでは、スケッチ平面の変更方法を解説します。

スケッチ平面を「平面」から「正面」に変更します。

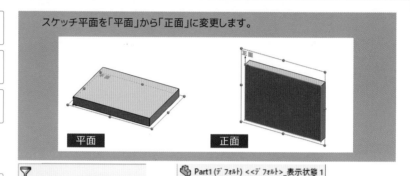

| 平面 | 正面 |

1 ツリーの「押し出し1」の横にある
▶ボタンをクリック

2 「押し出し1」の下に
「スケッチ1」が現れました

3 「スケッチ1」の上で右クリックして
メニューを表示します

4 <コンテキストツールバー>
「スケッチ平面編集」をクリック

5 画面に「平面」が現れます

6 ツリーがスケッチ平面プロパティに
切り替わります

スケッチ平面/面(P)

☐ 平面

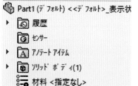

7 グラフィックス領域の左上にある
ツリーを展開します

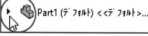

8 「正面」をクリック

スケッチ平面/面(P)

☐ 正面

9 画面上の「平面」が「正面」に
置き換えられます

10 OKをクリック

11 立体の向きが変わりました

12 Escキーで選択を解除します

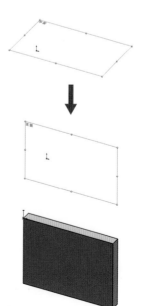

モデルを修正する際、スケッチを修正・編集したい場合があります。
ここでは、スケッチの不要な拘束を削除して、新たな拘束を定義する編集を解説します。

左上にある原点が左下に来るように編集します。

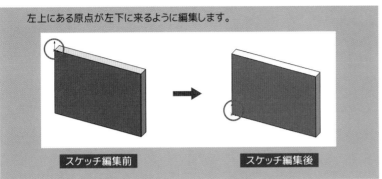

スケッチ編集前　　　　　スケッチ編集後

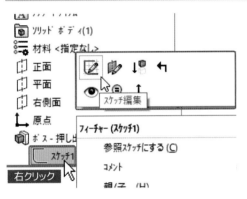

1	「スケッチ1」の上で右クリックして メニューを表示します
2	<コンテキストツールバー> 「スケッチ編集」をクリック
3	スケッチが編集できる状態に なります

4	<ヘッズアップビューツールバー> 「表示方向」の「正面」をクリック
5	図に示す点をクリック
6	ツリーが点プロパティに切り替わり ます

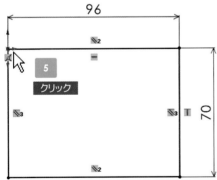

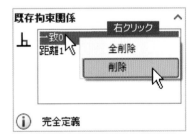

7	「一致」を右クリックして削除を 選択します

✔ 全削除を選択するとボックス内に ある拘束すべてが削除されます。

8	スケッチが青色に変わりました

🔑 一致の拘束を削除したことにより、 位置の情報がなくなります。 その結果、完全定義が崩れ、線が 青色になります。

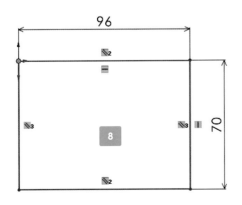

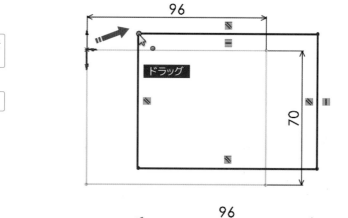

| 9 | 図に示す点をドラッグしてスケッチを移動します |

| 10 | Escキーで選択を解除します |

| 11 | Ctrlキーを押しながら、図に示す点と原点を選択します |

拘束関係追加

—	水平(H)
		鉛直(V)
⅄	一致(D)

| 12 | 「一致」をクリック |

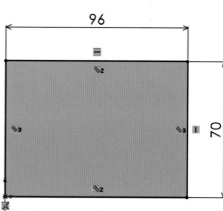

| 13 | 点が原点に一致しました |

| 14 | 再び、スケッチが完全定義になりました |

| 15 | スケッチを終了します |

✔ 原点の位置がモデルの下のエッジへ移動しています。

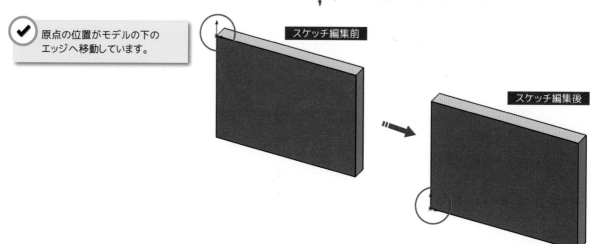

スケッチ編集前

スケッチ編集後

押し出しフィーチャーなどで、立体形状を作るときに設定した情報を変更したい場合は、
フィーチャー編集を行います。

モデルの厚みと押し出し方向を変更します。

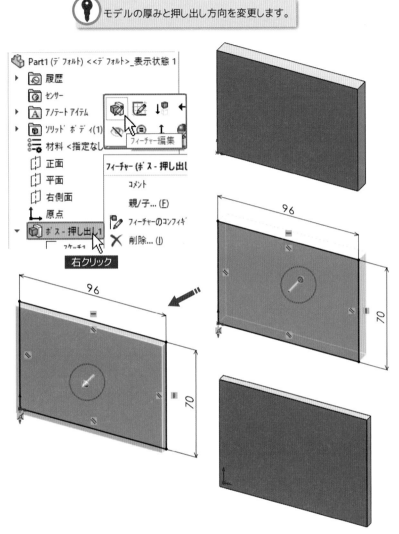

1	「不等角投影」をクリック
2	ツリーの「押し出し1」の上で 右クリックしてメニューを表示します
3	<コンテキストツールバー> 「フィーチャー編集」をクリック
4	フィーチャーを編集できる状態に なります
5	反対方向をクリック

| 6 | 厚みを「5」と入力します |

7	OKをクリック
8	厚みと押し出し方向を変更できました
9	「カード」が完成しました

10	保存をクリック
11	保存する場所が「カードスタンド」で あることを確認します
12	「カード」という名前で保存します
13	閉じるをクリックし、部品ドキュメント を閉じます

Chapter 3

12 スケッチを回転して立体を作る

脚

1 スケッチを回転して立体を作る

部品

| 1 | 新しく部品ドキュメントを開きます |

 正面

| 2 | ツリーの「正面」を選択します |

スケッチ

| 3 | <スケッチタブ>「スケッチ」をクリック |
| 4 | Escキーで選択を解除します |

| 5 | <スケッチタブ>「直線フライアウトボタン」をクリック |

中心線(N)

6	「中心線」をクリック
7	ポインタを原点に合わせてクリック
8	ポインタを上に移動します

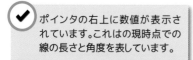
✔ ポインタの右上に数値が表示されています。これはの現時点での線の長さと角度を表しています。

| 9 | クリックして鉛直な中心線を作ります |
| 10 | Escキーで中心線コマンドを解除します |

| 11 | 「ウィンドウにフィット」をクリック |

12	「直線」をクリック
13	ポインタを原点に合わせてクリック
14	図のようなスケッチを描きます

正面

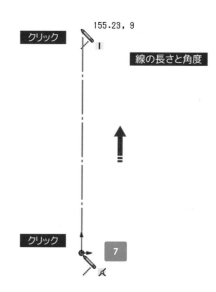

155.23, 9

クリック

線の長さと角度

クリック

7

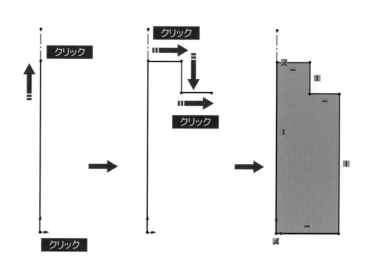

クリック

クリック

クリック

クリック

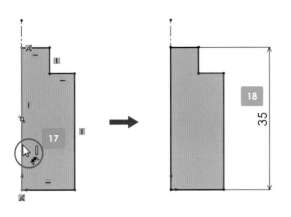

15 Escキーで直線コマンドを解除します

16 「スマート寸法」をクリック

17 図に示す直線を選択します

18 図に示す寸法を入力します

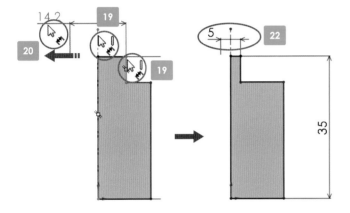

19 図に示す直線と中心線のエッジを選択します

20 ポインタを中心線の左側に移動すると

21 直径寸法が現れるので、クリックします

22 図に示す寸法を入力します

23 図に示す直線をクリックすると、直径寸法の現れる状態が継続しています

24 図に示す寸法を入力します

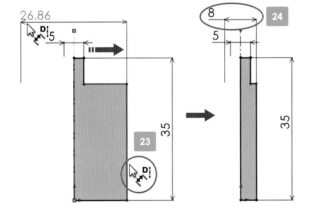

✔ マウスポインタが の表示になっているときは、中心線が選択状態になっているので、続けて直径寸法を入力できます。

25 Escキーをクリックするとポインタが変化します

✔ 直径寸法を入力できる状態が解除されます。

26 図に示す直線を選択します

27 図に示す寸法を入力します

28 線が黒くなり完全定義になりました

29 スケッチを終了します

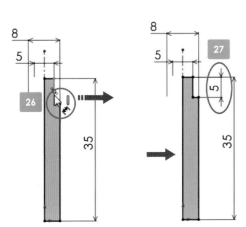

Chapter 3

30	スケッチが選択状態になっているのを確認します

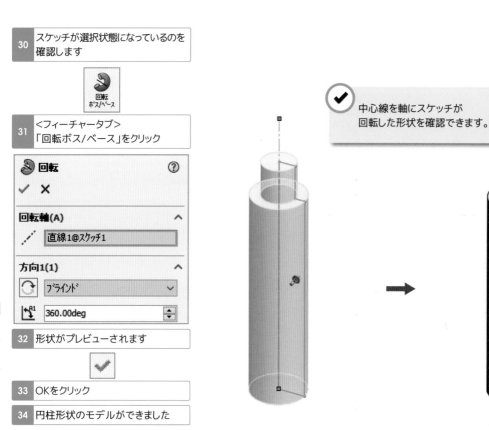

中心線を軸にスケッチが回転した形状を確認できます。

31	<フィーチャータブ>「回転ボス/ベース」をクリック

回転 ⑦

✓ ✕

回転軸(A) ⌃

✎ 直線1@スケッチ1

方向1(1) ⌃

🔄 ブラインド ⌄

📐 360.00deg ⬍

32	形状がプレビューされます

✔

33	OKをクリック
34	円柱形状のモデルができました

2 面取りをする

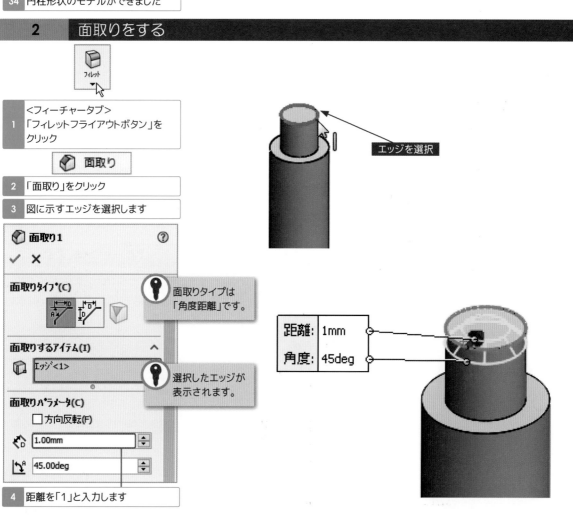

1	<フィーチャータブ>「フィレットフライアウトボタン」をクリック

面取り

2	「面取り」をクリック
3	図に示すエッジを選択します

エッジを選択

面取り1 ⑦

✓ ✕

面取りタイプ*(C)

面取りタイプは「角度距離」です。

面取りするアイテム(I) ⌃

🔲 エッジ<1>

選択したエッジが表示されます。

面取りパラメータ(C)

☐ 方向反転(F)

🔷 1.00mm ⬍

📐 45.00deg ⬍

距離： 1mm
角度： 45deg

4	距離を「1」と入力します

Chapter 3

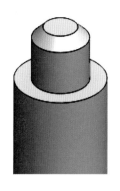

5	OKをクリック

6	面取りできました

---

3 角を丸める

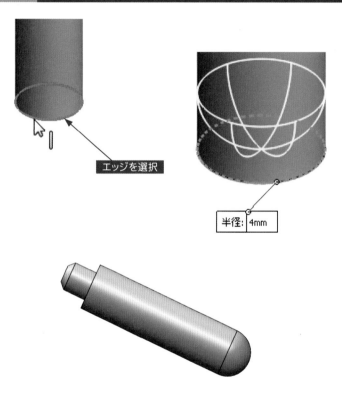

エッジを選択

半径: 4mm

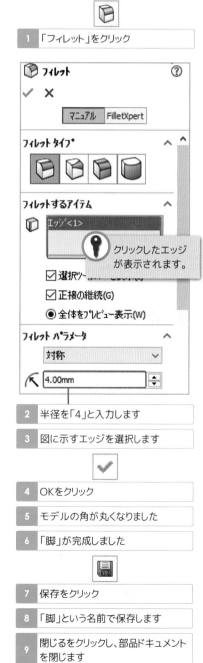

1	「フィレット」をクリック

🔲 フィレット ⑦

✓ ✕

マニュアル FilletXpert

フィレット タイプ ∧

フィレットするアイテム ∧

エッジ<1>

🔑 クリックしたエッジ が表示されます。

☑ 選択ツールバー～（～）

☑ 正接の継続(G)

◉ 全体をプレビュー表示(W)

フィレット パラメータ ∧

対称 ∨

📐 4.00mm ⬍

2	半径を「4」と入力します

3	図に示すエッジを選択します

4	OKをクリック

5	モデルの角が丸くなりました

6	「脚」が完成しました

7	保存をクリック

8	「脚」という名前で保存します

9	閉じるをクリックし、部品ドキュメントを閉じます

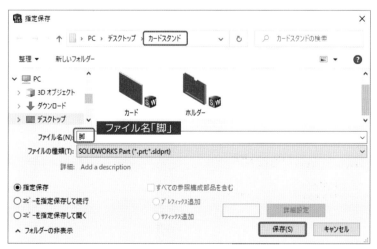

ファイル名「脚」

指定保存 ×

↑ 📁 > PC > デスクトップ > カードスタンド 🔍 カードスタンドの検索

整理 ▼ 新しいフォルダー ▦ ▾ ❓

PC
> 📁 3D オブジェクト
> ⬇ ダウンロード
> 🖥 デスクトップ

カード ホルダー

ファイル名(N): 脚

ファイルの種類(T): SOLIDWORKS Part (*.prt;*.sldprt)

詳細: Add a description

◉ 指定保存 ☐ すべての参照構成部品を含む
○ コピーを指定保存して続行 ○ プレフィックス追加
○ コピーを指定保存して開く ○ サフィックス追加 詳細設定

∧ フォルダーの非表示 保存(S) キャンセル

寸法の種類

50	50	30°
線を選択	**点と線を選択**	**線と線を選択**

26 / 26 / 22.60°

線を選択	**点と点を選択**	**3点を選択** ※選択順序があります

50	Ø30	R25
線と線を選択	**円を選択**	**円弧を選択**

45	80	10
円と円を選択	**Shift キーを押しながら 2つの円の外側を選択**	**Shift キーを押しながら 2つの円の内側を選択**

駆動寸法と従動寸法の違い

- 駆動寸法 （黒色） ・・・ 編集できる寸法
- 従動寸法 （灰色） ・・・ 編集できない寸法：ほかの定義により決まる大きさ（参考寸法）

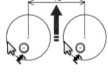
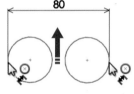
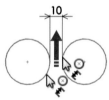

駆動寸法　従動寸法

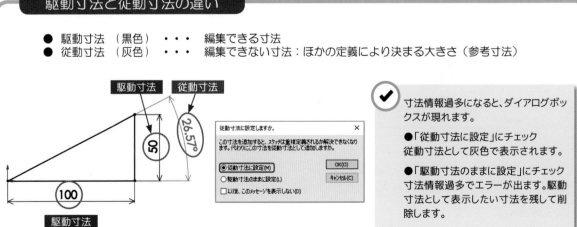

50 / 26.57° / 100

駆動寸法

従動寸法に設定しますか。　×

この寸法を追加すると、スケッチは重複定義されるか解決できなくなります。代わりにこの寸法を従動寸法として追加しますか。

◉ 従動寸法に設定(M)　　　　OK(O)
○ 駆動寸法のままに設定(L)　キャンセル(C)
☐ 以後、このメッセージを表示しない(D)

✓ 寸法情報過多になると、ダイアログボックスが現れます。

●「従動寸法に設定」にチェック
従動寸法として灰色で表示されます。

●「駆動寸法のままに設定」にチェック
寸法情報過多でエラーが出ます。駆動寸法として表示したい寸法を残して削除します。

いろいろな拘束

◎ 同心円

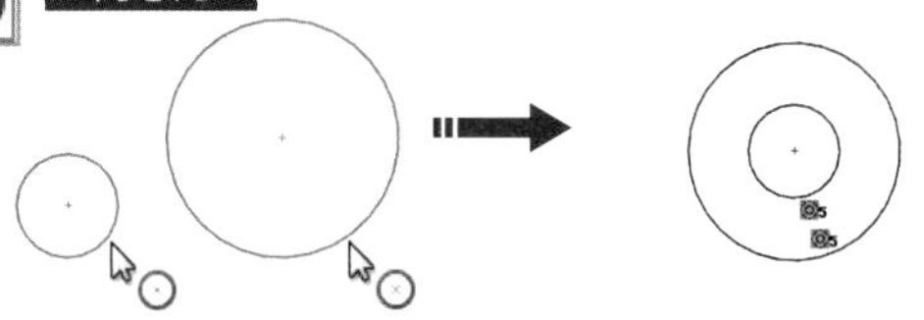

2つの円を選択 ➡ 同心を持つ円になる

= 等しい値

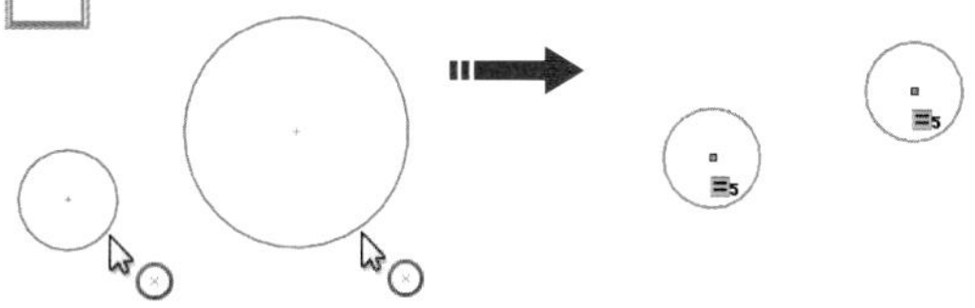

2つの円を選択 ➡ 同じ大きさの円になる

※直線にも有効です

/ 中点

点と線を選択 ➡ 線の中点に点が一致する

⊥ 垂直

線と線を選択 ➡ 線と線が垂直になる

⌀ 正接

円弧と線を選択 ➡ 円弧と線が正接する

⌀ 対称

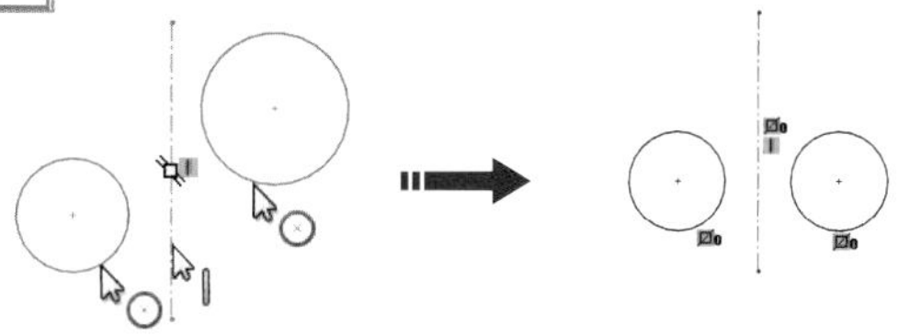

2つの円と中心線を選択 ➡ 円が中心線を基準に対称になる

※直線や点にも有効です

/ 同一線上

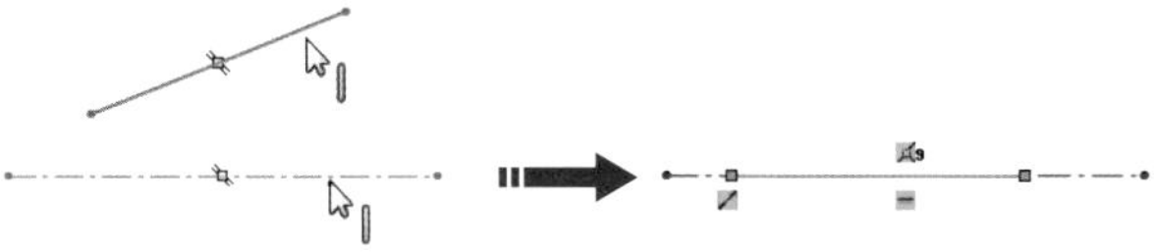

2つの線を選択 ➡ 同じ直線上に並ぶ

◯ 同一円弧

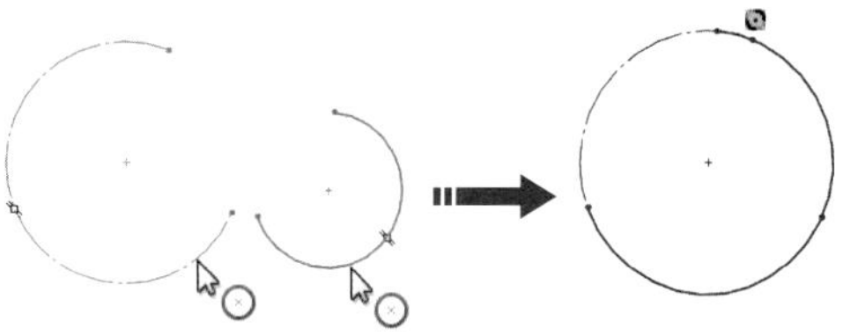

2つの円弧を選択 ➡ 2つの円弧が同じ円弧上に並ぶ

✕ 交点

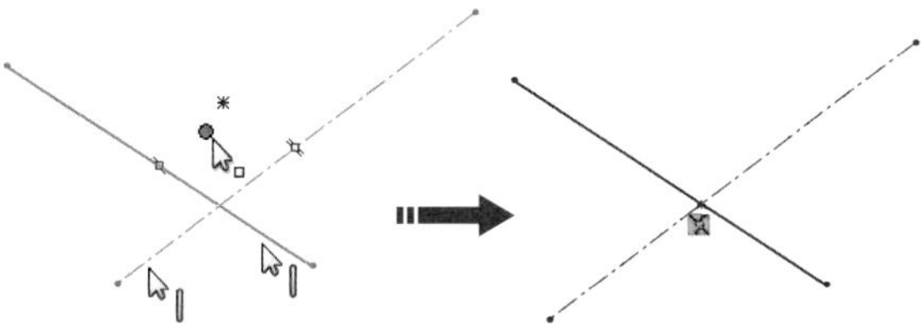

1つの点と2つの線を選択 ➡ 線と線の交わるところに点が一致する

貫通

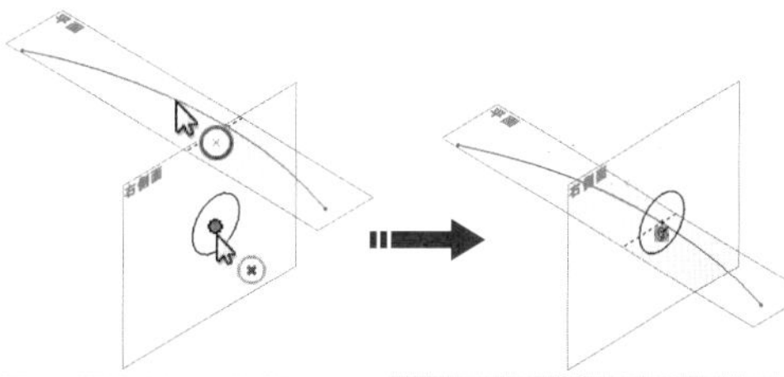

異なる面にある点と線を選択 ➡ 点と異なる面にある要素が一致する

自動拘束

スケッチの作図と同時に拘束が自動的に付加されます。通常、自動拘束は有効になっていますが、Ctrlキーを押しながら作図することにより、無効にできます。

例）直線コマンドで原点の上にマウスポインタをのせてクリックすると一致の拘束が付加される。そのまま水平方向にマウスポインタを動かし、任意の位置でクリックして直線を描くと描いた直線に水平の拘束が付加される。

　　　自動的に付加される拘束の種類・・・一致、水平、鉛直、正接、平行、垂直、マージなど

● 黄色の拘束マークの場合に自動で拘束が付加されます。

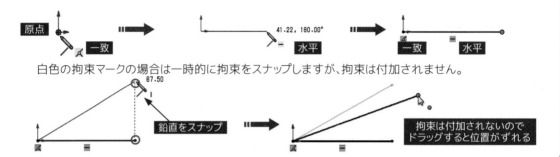

白色の拘束マークの場合は一時的に拘束をスナップしますが、拘束は付加されません。

拘束のエラーと削除

● 重複する定義、参照先が不明など、矛盾が生じた場合にエラーがでます。

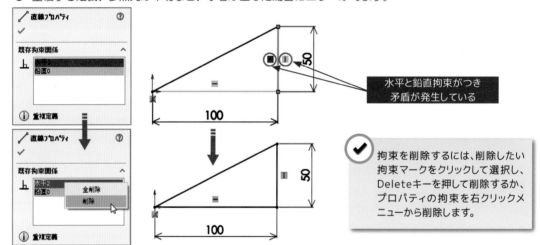

水平と鉛直拘束がつき矛盾が発生している

✔ 拘束を削除するには、削除したい拘束マークをクリックして選択し、Deleteキーを押して削除するか、プロパティの拘束を右クリックメニューから削除します。

● エラーがでたときにはSketchXpertで、エラー部分を特定して修正することができます。
SketchXpertは、画面下の「重複定義」をクリックすると起動します（エラーの種類によりメッセージが変わります）。

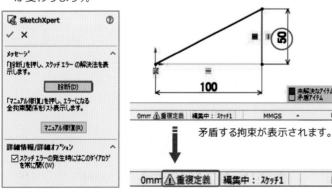

診断をクリックします。

矛盾する拘束が表示されます。

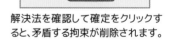

結果
希望の解決法を選択し、「確定」を押します。

解決法の表示:

`<<`　1 / 2　`>>`

確定(A)

解決法を確認して確定をクリックすると、矛盾する拘束が削除されます。

※詳細情報/詳細オプションにチェックを入れておくとエラー発生時にSketchXpertが自動で起動します。

スケッチ修復

スケッチ修復コマンドは、線のわずかなはみ出しやギャップ、重なりなどを検出・修復するコマンドです。

● はみ出しやギャップ

スケッチ修復コマンドをクリックし、ギャップサイズを調整します。

2つのギャップが検出されました。クリックするとギャップが順に拡大表示されます。

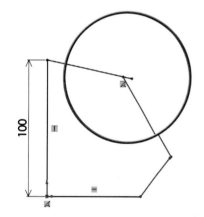

線がはみ出しているのが見つかります。

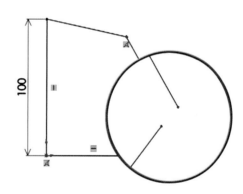

線の先端が開いているのが見つかります。

● 線の重なり

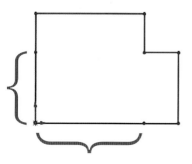

スケッチの中に線の重なりがあります。

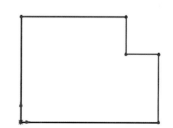

スケッチ修復をクリックすると、重なった線が削除されました。

押し出しオプションの種類

ブラインド

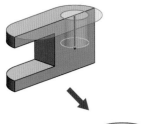

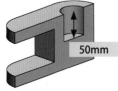

50mm

スケッチ面の輪郭を、指定した距離だけ押し出します。

全貫通

スケッチ面の輪郭を、既存のモデルを貫通する位置まで押し出します。

次サーフェスまで

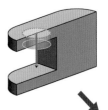

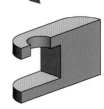

スケッチ面の輪郭を、輪郭全体が交差する次のサーフェスまで押し出します。

端サーフェス指定

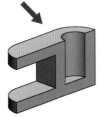

スケッチ面の輪郭を、指定したサーフェスまで押し出します。

オフセット開始サーフェス指定

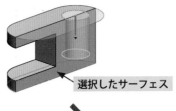

選択したサーフェス

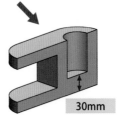

30mm

スケッチ面の輪郭を、選択したサーフェスから指定したオフセット距離まで押し出します。

中間平面

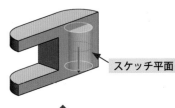

スケッチ平面

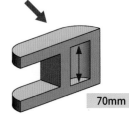

70mm

スケッチ面の輪郭を、スケッチ面を中心として両側に等しく押し出します。

アセンブリの作成
作った部品を組み立てよう

1 新しくアセンブリを作成する

| 1 | <メニューバー>「新規」をクリック |

| 2 | 「新規SOLIDWORKSドキュメント」ダイアログボックスが現れます |

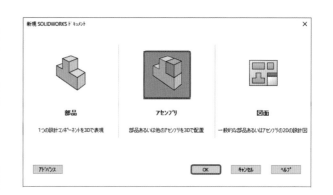

| 3 | 「アセンブリ」を選択します |

| 4 | OKをクリックすると |

| 5 | 新しくアセンブリドキュメントが開きました |

✓ ver.2017からは、新規アセンブリドキュメントを開くと自動的に「開く」のダイアログボックスが現れます。

| 6 | 「キャンセル」をクリックして、ダイアログボックスを閉じます |

| 7 | <ヘッズアップビューツールバー>「アイテムを表示／非表示」から原点を表示します |

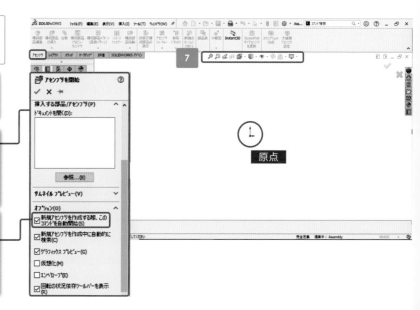

🔑 原点の表示操作はP32を参照ください。

✓ 新規アセンブリドキュメントを作成するときは、自動的に「構成部品の挿入」コマンドが開始されます。

✓ 自動開始を解除するには、オプションの「新規アセンブリを作成する際、このコマンドを自動開始」のチェックを外します。

●アセンブリドキュメント画面構成

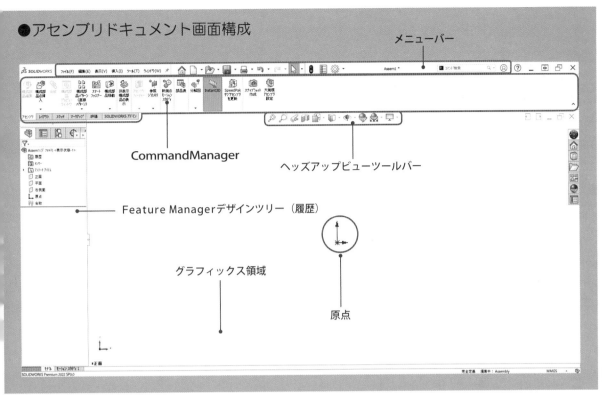

CommandManager

メニューバー

ヘッズアップビューツールバー

Feature Managerデザインツリー（履歴）

グラフィックス領域

原点

●新規アセンブリドキュメントを
開いたときは

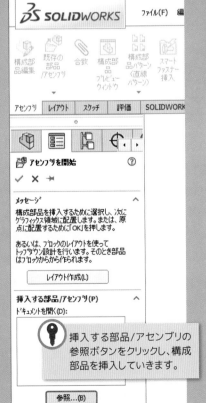

> 挿入する部品/アセンブリの
> 参照ボタンをクリックし、構成
> 部品を挿入していきます。

●アセンブリと部品の原点

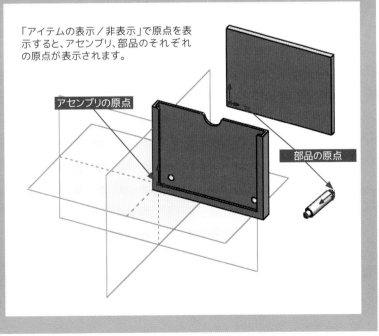

「アイテムの表示/非表示」で原点を表示すると、アセンブリ、部品のそれぞれの原点が表示されます。

アセンブリの原点

部品の原点

2 部品を組み立てる

カードスタンド組立

1 最初の部品を配置する

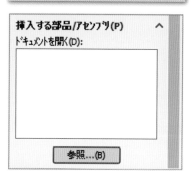

新しくアセンブリファイルを開くと「構成部品の挿入」コマンドが実行した状態で始まります。

挿入する部品/アセンブリ(P)

ドキュメントを開く(D):

参照...(B)

1 参照をクリック

2 ファイルの種類を部品にします

ファイルの表示方法を変更できます。

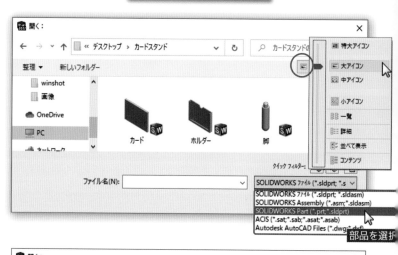

部品を選択

3 「ホルダー」を選択して開きます

アセンブリのベースとなる部品から挿入します。

ホルダーを選択

4 ポインタが変化します

5 ポインタをグラフィックス領域内に移動すると、部品「ホルダー」が現れます

6 ポインタを移動すると部品も一緒に動きます

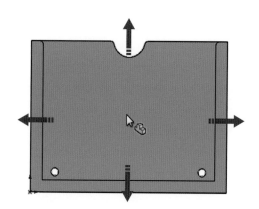

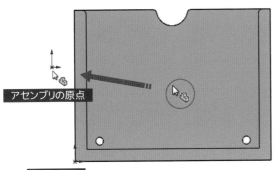

7	ポインタをアセンブリの原点に合わせると

アセンブリの原点

部品の原点

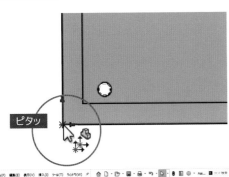

8	アセンブリの原点に部品の原点が一致します

ピタッ

9	そのままクリックすると

10	アセンブリ空間上に部品「ホルダー」が配置されました

✔ 最初に配置する部品は、アセンブリの原点と部品の原点を合わせる方法で配置します。

🔷 Assem1 (デフォルト) <表示状態-1>
▸ 🕘 履歴
　🔲 センサー
▸ 🅰 アノテート アイテム
　📄 正面
　📄 平面
　📄 右側面
　⌐ 原点
▸ 🔷 (固定) ホルダー<1> (デフォルト) <
　📎 合致

11	ツリーに部品「ホルダー」が追加されています

12	「等角投影」をクリックして見やすくしておきます

*等角投影

2　部品を挿入する

構成部品
の挿入

1 ＜アセンブリタブ＞
「構成部品の挿入」をクリック

2 「開く」ダイアログボックスから
「脚」を選択して開きます

✔ ver.2016以前は「参照」をクリックすると（P90参照）、「開く」のダイアログボックスが現れます。

3 グラフィックス領域にポインタを
移動します

4 図に示す位置でクリック

5 部品「脚」が挿入できました

脚を選択

クリック

3　部品の移動と回転

1 部品「脚」にポインタを合わせます

左ボタンを
ドラッグ

2 ドラッグすると、平行移動します

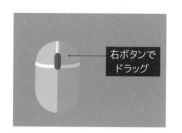
右ボタンで
ドラッグ

3 右ボタンでドラッグすると、
回転します

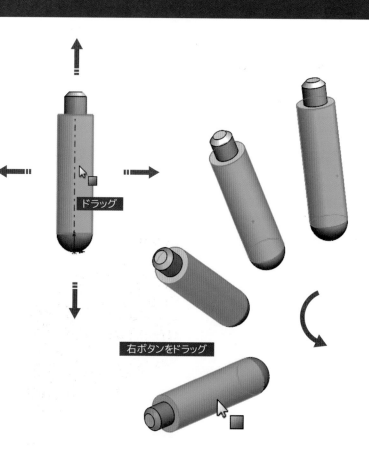

ドラッグ

右ボタンをドラッグ

Chapter 4

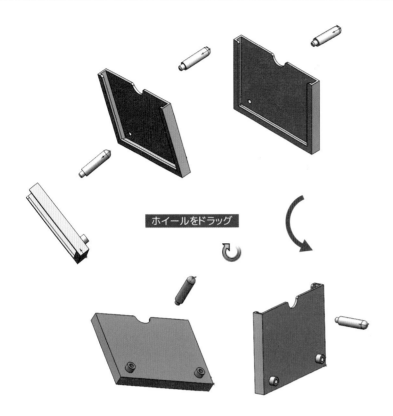

ホイールをドラッグ

ホイールを
ドラッグ

1 ホイールでドラックすると

2 アセンブリ空間全体が回転します

✓ マウスのホイールでドラッグすることで、アセンブリ空間全体の表示を回転させることができます。

Chapter 4

●アセンブリに最初に挿入した部品

🔑 最初に配置した部品「ホルダー」をドラッグすると図のようなメッセージが表示されます。これは部品がアセンブリ空間上に固定されているからです。

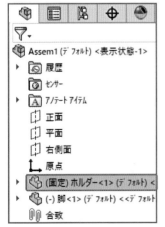

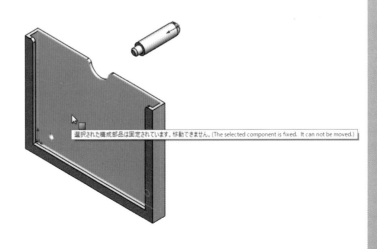

📦 Assem1 (デフォルト) <表示状態-1>
▸ 🔘 履歴
　🔘 センサー
▸ 🅰 アノテート アイテム
　🗂 正面
　🗂 平面
　🗂 右側面
　📐 原点
▸ 🔩 (固定) ホルダー<1> (デフォルト) <
▸ 🔩 (-) 脚<1> (デフォルト) <<デフォルト
　🔗 合致

選択された構成部品は固定されています。移動できません。(The selected component is fixed. It can not be moved.)

1	回転・移動をして図のように「脚」の位置を調整します
2	Escキーで選択を解除します

合致

3	＜アセンブリタブ＞ 「合致」をクリック
4	図に示す面と面を選択すると

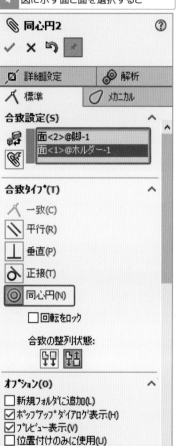

🖇 同心円2 　　　　　　 ⑦

✓　✕　🔄　📌

📐 詳細設定　　　　🔩 解析

⋀ 標準　　　　💧 メカニカル

合致設定(S)　　　　　∧

　面<2>@脚-1
　面<1>@ホルダー-1

合致タイプ(T)　　　　∧

⋀ 一致(C)

◥ 平行(R)

⊥ 垂直(P)

◔ 正接(T)

◎ 同心円(N)

　☐ 回転をロック

　合致の整列状態：

　🔼🔼　🔼🔼

オプション(O)　　　　∧

☐ 新規フォルダに追加(L)
☑ ポップアップダイアログ表示(H)
☑ プレビュー表示(V)
☐ 位置付けのみに使用(U)

☐ 最初の選択を透明化

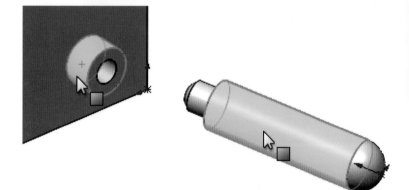

✔ 合致コマンドで一つ目の要素をクリックすると、その部品の表示状態が半透明に切り替わります。

🔑 紙面の都合上、オプションの「最初の選択を透明化」のチェックを外しています。

5	同心円の合致が選択されます

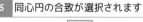

✔

6	OKをクリック
7	同心円の合致が確定します

✔

8	OKをクリック
9	合致コマンドが終了します
10	「脚」をドラッグすると同心を保ったまま、移動することが確認できます
11	Escキーで選択を解除します

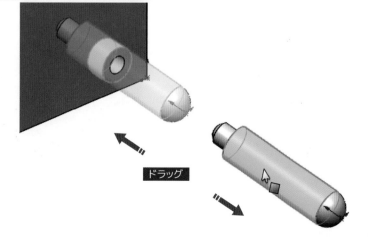

ドラッグ

Chapter 4

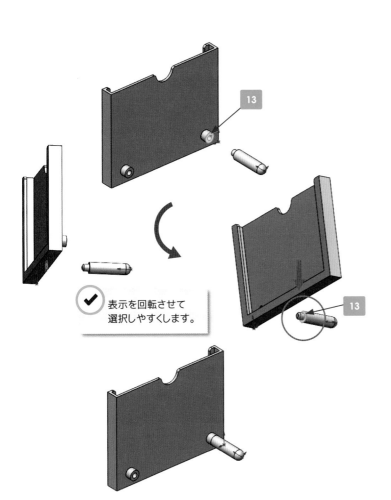

表示を回転させて
選択しやすくします。

12	「合致」をクリック

13	図に示す面と面を選択すると

✔ 部品の組み立ては、表示の切り替えや部品の移動、回転を駆使して行います。

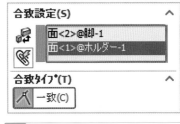

14	一致の合致が選択されます

15	OKをクリック

16	一致の合致が確定します

17	OKをクリック

18	合致コマンドが終了します

19	「ホルダー」に「脚」が組み付きました

選択解除と合致編集

●選択する箇所を間違えてしまったときは

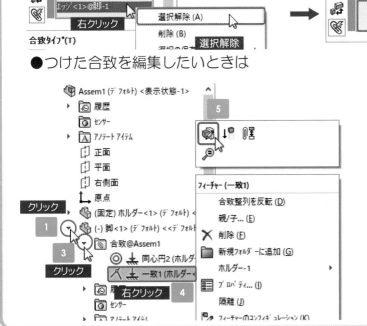

✔ 選択した要素がすべて解除されます。

●つけた合致を編集したいときは

1	ツリーにある編集したい部品の横の「▶」ボタンをクリック

2	「合致フォルダ」があります

3	「合致フォルダ」の「▶」ボタンをクリックして展開します

4	編集したい合致を右クリック

5	<コンテキストツールバー>「フィーチャー編集」をクリック

6	合致の編集を行います

| 1 | ポインタを「脚」に合わせます |

| 2 | Ctrlキーを押しながら「脚」をドラッグします |

| 3 | 適当なところで放すと |

| 4 | 「脚」をもう1本挿入することができました |

| 5 | Escキーで選択を解除します |

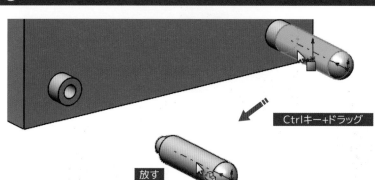

Ctrlキー+ドラッグ

放す

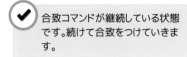

| 6 | 「合致」をクリック |

| 7 | 図に示す面と面を選択します |

◎ 同心円(N)

| 8 | 同心円の合致が選択されます |

✓

| 9 | OKをクリック |

| 10 | 同心円の合致が確定します |

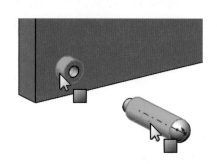

✓ 合致コマンドが継続している状態です。続けて合致をつけていきます。

| 11 | 図に示す面と面を選択します |

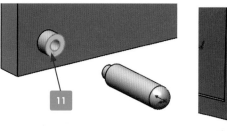

一致(C)

| 12 | 一致の合致が選択されます |

✓

| 13 | OKをクリック |

| 14 | 一致の合致が確定します |

✓ 面を選択しやすいように、ホイールドラッグで空間を回転させます。

✓

| 15 | OKをクリック |

| 16 | 合致コマンドが終了します |

| 17 | 両方の脚を組み付けることができました |

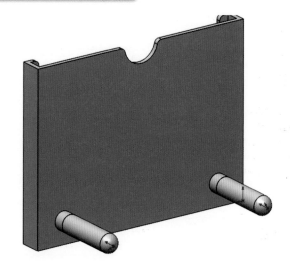

Chapter 4

標準合致の種類

同心円

選択アイテムに共通の中心線が使用されるように配置します。

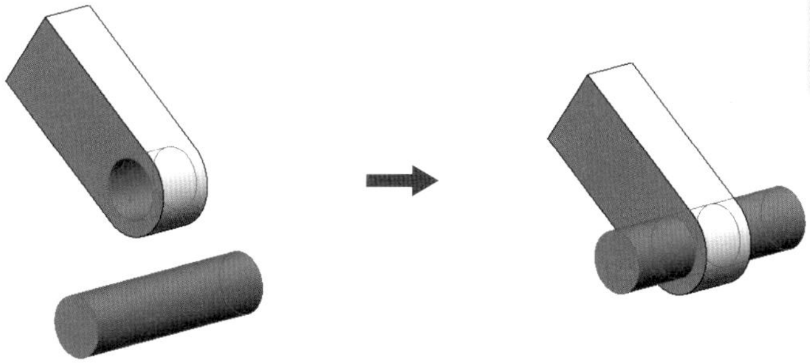

一致

選択面、エッジ、平面を同一の無限平面上に配置します。

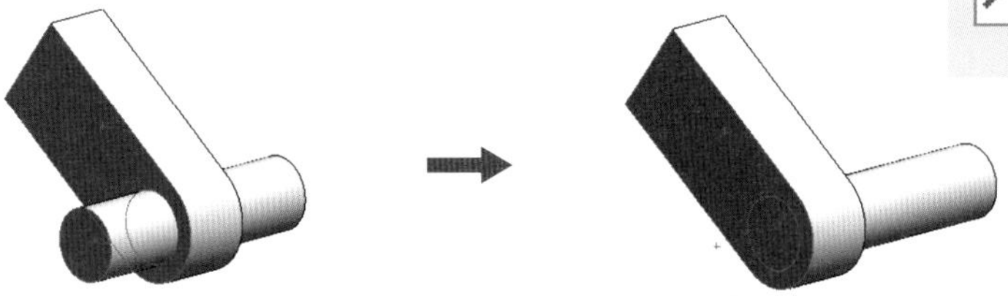

正接

選択アイテムをお互いに正接にします。

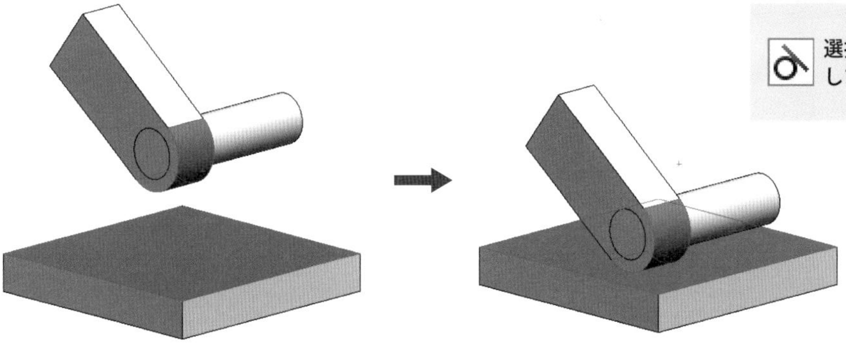

平行

選択アイテムをお互いに平行を保つように配置します。

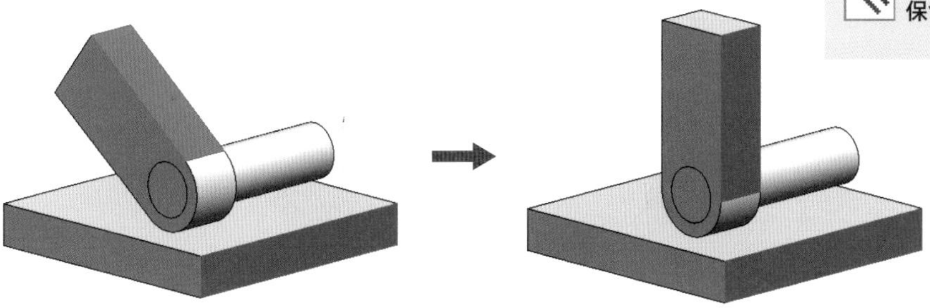

1 「不等角投影」をクリック

2 「構成部品の挿入」をクリック

3 「開く」ダイアログボックスから
「カード」を選択して開きます

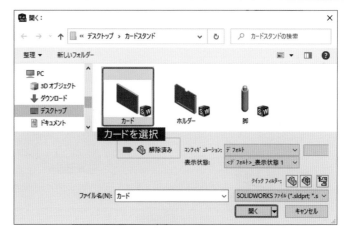

4 グラフィックス領域にポインタを
移動します

5 図に示す位置でクリック

6 部品「カード」が挿入できました

7 合致をクリック

8 図に示す面と面を選択します

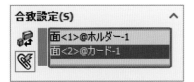

合致設定(S)

面<1>@ホルダー-1
面<2>@カード-1

一致(C)

9 一致の合致が選択されます

10 OKをクリック

11 一致の合致が確定します

✓ 合致コマンドが継続している状態
です。続けて合致をしていきます。

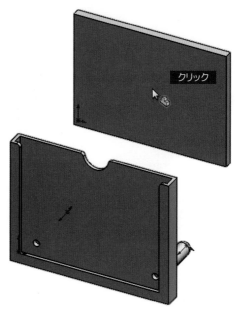

✓ グラフィックス領域に表
示される<ツールバー>
からもOKボタンをクリッ
クできます。

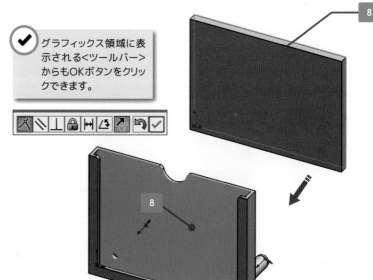

Chapter 4

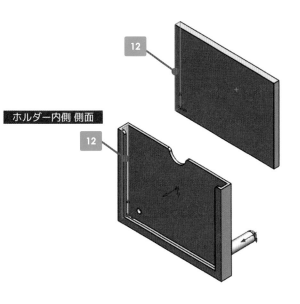

ホルダー内側 側面

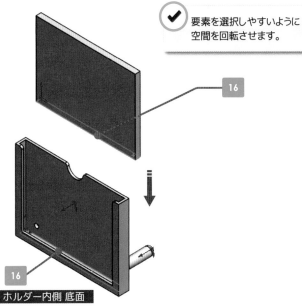

要素を選択しやすいように
空間を回転させます。

ホルダー内側 底面

| 12 | 図に示す面と面を選択します |

合致設定(S) ∧

面<3>@ホルダー-1
面<4>@カード-1

 一致(C)

| 13 | 一致の合致が選択されます |

| 14 | OKをクリック |

| 15 | 一致の合致が確定します |

| 16 | 図に示す面と面を選択します |

合致設定(S) ∧

面<5>@ホルダー-1
面<6>@カード-1

 一致(C)

| 17 | 一致の合致が選択されます |

| 18 | OKをクリック |

| 19 | 一致の合致が確定します |

| 20 | OKをクリック |

| 21 | 合致コマンドが終了します |

| 22 | <ヘッズアップビューツールバー>の「アイテムを表示/非表示」から「原点表示」をオフにします |

| 23 | 原点が非表示になりました |

| 24 | カードスタンドが組み上がりました |

| 25 | 閉じるをクリックし、アセンブリドキュメントを閉じます |

Chapter 4

3 干渉チェック

1 干渉チェック その①

部品同士に干渉がないか調べます

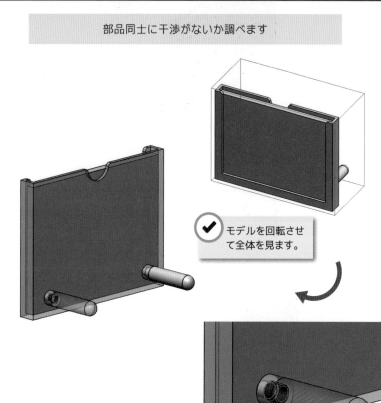

| 1 | <評価タブ>「干渉認識」をクリック |

🔲 干渉認識

✓ ✕

選択構成部品 ⌃

Assem1.SLDASM

[計算(C)]

| 2 | アセンブリが選択されています |

| 3 | 計算をクリックすると |

| 4 | 干渉が見つかりました |

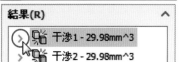

結果(R) ⌃

🔲 干渉1 - 29.98mm^3

🔲 干渉2 - 29.98mm^3

| 5 | 「>」ボタンをクリック |

✔ モデルを回転させて全体を見ます。

🔑 干渉が起きている部分が赤く表示されます。

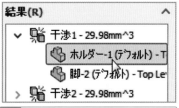

結果(R) ⌃

∨ 🔲 干渉1 - 29.98mm^3

　　🖐 ホルダー-1 (デフォルト) - T

　　🖐 脚-2 (デフォルト) - Top Le'

> 🔲 干渉2 - 29.98mm^3

| 6 | 部品を選択すると対象がハイライトします |

✔ ここでは、ホルダーと脚に干渉が起きていることがわかりました。

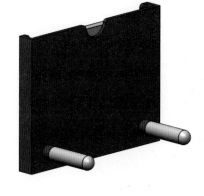

| 7 | OKをクリック |

| 8 | 干渉認識が終了します |

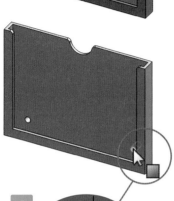

クリック

3

反転選択 (e)

検索... (A)

構成部品 (ホルダー)

非表示のツリー アイテム

仮想化 (D)

隔離 (E)

構成部品のコンフィギュレーション (F)

構成部品の表示

ホルダー (デフォルト) <<デフォルト>_表示状態

- 履歴
- センサー
- アノテート アイテム
- ソリッド ボディ(1)
- 材料 <指定なし>
- 正面
- 平面
- 右側面
- 原点
- ボス - 押し出し2
- シェル1
- カット - 押し出し1
- カット - 押し出し2
- ボス - 押し出し4
- カット - 押し出し3

7
- カット - 押し出し3
  - スケッチ5
  - 直線パターン1
  - フィレット1

- カット - 押し
- ボス - 押し
- カット - 押し
  - スケッチ5
  - フィレット1

フィーチャー (スケッチ5)

参照スケッチにする (C)

8 右クリック

✓ 干渉が起きていたので、ホルダー部品を修正します。

1 ツリーの「ホルダー」にポインタを合わせます

2 右クリックしてメニューを表示します

✓ 「ホルダー」がハイライトします。

3 <コンテキストツールバー>「部品を開く」をクリックすると

4 部品「ホルダー」が開きます

5 図に示す穴の面をクリック

✓ ツリーのフィーチャーがハイライトします。

6 ツリーのハイライトしたフィーチャーの▶をクリックすると

7 スケッチが展開します

8 図に示すツリーのスケッチを右クリックしてメニューを表示します

9 <コンテキストツールバー>「スケッチ編集」をクリックすると

Chapter 4

階層リンクの使い方

グラフィックス領域の左上に表示される「階層リンク」からも編集したいスケッチへアクセスすることができます。

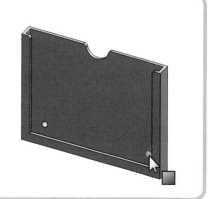

10	スケッチが編集できる状態に なりました

11	「選択アイテムに垂直」をクリック

12	図に示す寸法をダブルクリック

変更

✓ ✗ 🔘 ±↺ 🪄

D1@スケッチ5

5

ダブルクリック

13	「4」→「5」に変更します

14	Enterキーで確定します

15	寸法値が変わりました

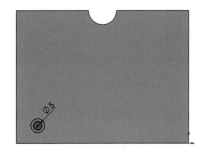

16	スケッチを終了します

17	モデルを修正できました

18	保存をクリック

19	「ホルダー」が上書き保存されます

20	部品「ホルダー」を閉じます

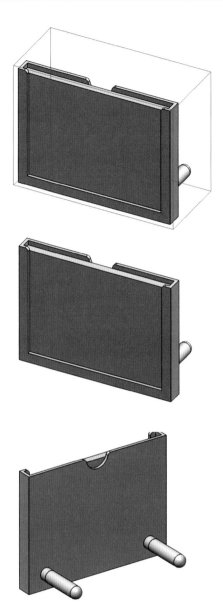

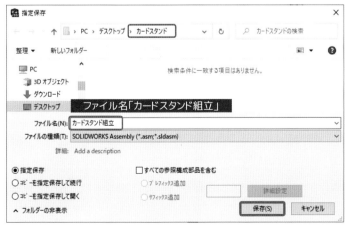

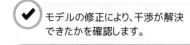
モデルの修正により、干渉が解決
できたかを確認します。

1	「干渉認識」をクリック

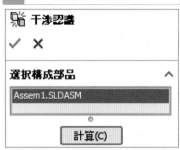

干渉認識

✓　✕

選択構成部品　⋀

Assem1.SLDASM

計算(C)

2	計算をクリック

結果(R)　⋀

　　干渉部分なし

3	干渉部分がなくなりました

4	OKをクリック

5	「干渉認識」が終了します

6	保存をクリック

7	「カードスタンド組立」という名前を入力し保存します

指定保存　　　　　　　　　　　　　　　　　　×

↑　PC　>　デスクトップ　>　カードスタンド　　〜　じ　　カードスタンドの検索

整理▼　　新しいフォルダー　　　　　　　　　　　　　　　■ ▼　　❓

💻 PC　　　　　　　　　　検索条件に一致する項目はありません。
📦 3D オブジェクト
⬇ ダウンロード
🖥 デスクトップ　　**ファイル名「カードスタンド組立」**

ファイル名(N):　カードスタンド組立　　　　　　　　　　　　　　〜

ファイルの種類(T):　SOLIDWORKS Assembly (*.asm;*.sldasm)　　　　　〜

詳細:　Add a description

● 指定保存　　　　　　　☐ すべての参照構成部品を含む
○ コピーを指定保存して続行　　　　　○ プレフィックス追加
○ コピーを指定保存して開く　　　　　○ サフィックス追加　　　　　　詳細設定
⋀ フォルダーの非表示　　　　　　　　　　　　　保存(S)　　キャンセル

Chapter **4**

モデルに色を付ける

モデルに色を付けるには「外観を編集」コマンドを使います。色は、アセンブリ全体、部品全体、フィーチャー、面などに付けることができます。ここでは、アセンブリドキュメントを開いて色を付けてみましょう。

部品に色を付ける

モデルの面などを右クリックして「外観を編集」コマンドをクリック

階層の上にあるものほど色が優先され表側に表示される

部品全体に色を付ける

フィーチャーに色を付ける

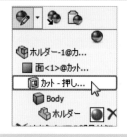

面に色を付ける

アセンブリに色を付ける

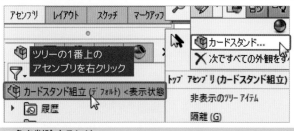

ツリーの1番上のアセンブリを右クリック

アセンブリにつけた色はもっとも表側に表示されます

色を削除するには

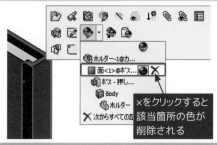

×をクリックすると該当箇所の色が削除される

選択した範囲の色が削除される

すべての色が削除される

図面の作成
作ったモデルから図面を作成しよう

1 新しく図面を作成する

1 図面ドキュメントを作成する

1 <メニューバー>「新規」をクリック

2 「新規SOLIDWORKSドキュメント」ダイアログボックスが現れます

図面

3 「図面」を選択します

4 OKをクリックすると

5 「シートフォーマット/シートサイズ」ダイアログボックスが現れます

6 「標準フォーマットのみ表示」のチェックを外します

🔑 あらかじめテンプレートに図枠が設定されている場合は、ダイアログボックスが現れません。
「A4－横」以外のシートが設定されている場合は、シートタブの上で右クリックしプロパティから選択し直してください。

7 標準シートサイズの中から「A4（ANSI）横」を選択します

8 OKをクリックすると

9 新しく図面ドキュメントが開きました

10 <図面タブ>
<アノテートアイテムタブ>
<シートフォーマットタブ>
の表示を確認します

🔑 タブの表示方法はP25を参照ください。

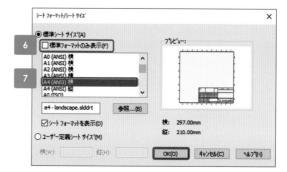

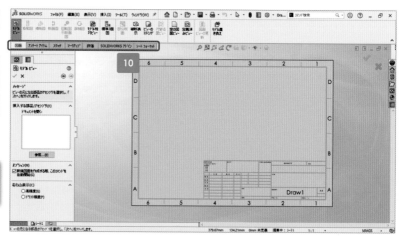

●図面ドキュメント画面構成

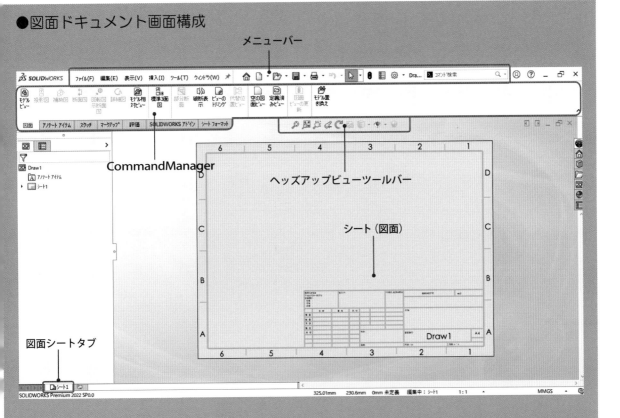

メニューバー

CommandManager

ヘッズアップビューツールバー

シート（図面）

図面シートタブ

図面シートとシートフォーマット

SOLIDWORKSの図面ドキュメントには「図面シート」と「シートフォーマット」の2つの編集モードがあります。
「図面シート」は、ビューと呼ばれる図や寸法（アノテートアイテム）などを作図、編集するモードで、「シートフォーマット」は、図枠を作図、編集するモードです。それぞれの編集モードに切り替えて作業を進めます。

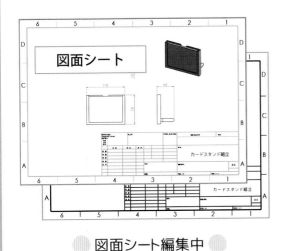

図面シート

図面シート編集中

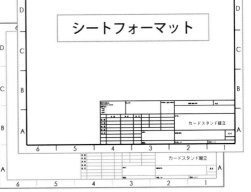

シートフォーマット

シートフォーマット編集中

2 図枠を作成して保存する

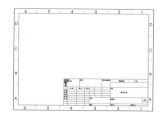

図枠

1 図枠の作成

■図面シート編集中

メッセージ

ビューの元になる部品かアセンブリを選択し、「次へ」をクリックします。

1 モデルビューをキャンセルします

2 <シートフォーマットタブ>
「シートフォーマット編集」をクリック

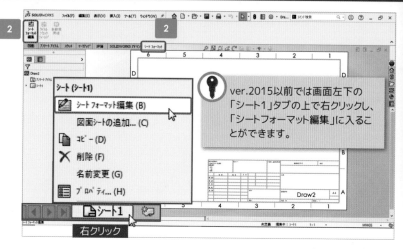

ver.2015以前では画面左下の「シート1」タブの上で右クリックし、「シートフォーマット編集」に入ることができます。

右クリック

■シートフォーマット編集中

3 図枠の表示が変わりました

✓ シートフォーマットとは、図枠のことです。
シートフォーマット編集中は図枠を編集することができます。

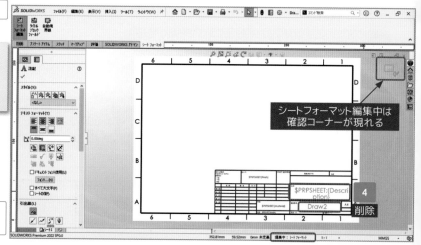

シートフォーマット編集中は確認コーナーが現れる

4 図に示す文字(2カ所)を選択してDeleteキーで削除します

注記

5 <アノテートアイテムタブ>
「注記」をクリック

6 ポインタが変化します

7 図に示す場所(任意)をクリック

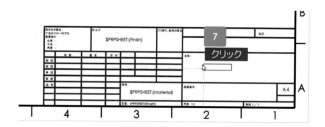

クリック

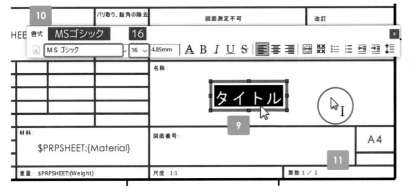

8 「タイトル」と入力します

9 文字の上でダブルクリック

✔ 文字が全選択されます。
または、ドラッグでも文字を選択
できます。

10 図のように書式を設定します

11 文字枠の外でクリック

12 OKをクリック

✔ 文字の入力を確定するには、文字枠の外でクリックします。Enterキーでは改行してしまいます。

13 文字が入力できました

14 「シートフォーマット編集終了」をクリック

■図面シート編集中

15 シートフォーマット編集状態から図面シート編集状態に戻ります

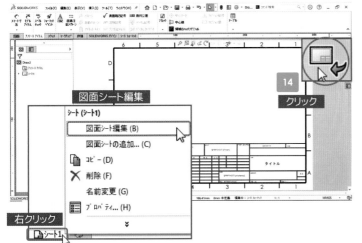

図面シート編集

クリック

右クリック

---

2 図枠の保存　シートフォーマットの保存

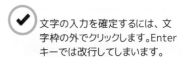

1 <メニューバー>のファイルから「図面シートフォーマットの保存」を選択します

2 シートフォーマット保存ダイアログボックスが現れます

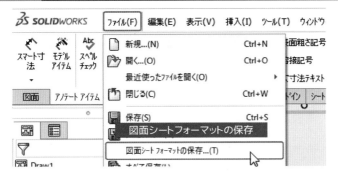

ファイル名「A4-original」

3 ファイル名「A4-original」と入力して保存します

4 図枠が保存できました

3 図面の設定

一般的な製図のフォーマットに合わせるため、フォントや矢印、投影法などの設定を行います。

1　システムオプションの設定

■システムオプション

システム オプション(S) - 表示スタイル

[システム オプション(S)] [ドキュメント プロパティ(D)]

1 ＜メニューバー＞
「オプション」をクリック

2 オプション設定画面が現れます

3 「表示スタイル」をクリック

4 正接エッジの項目で「削除」にします

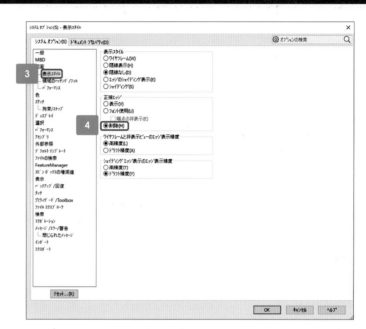

2　図面ドキュメントの設定

■ドキュメントプロパティ

ドキュメント プロパティ(D) - 寸法

[システム オプション(S)] [ドキュメント プロパティ(D)]

1 ＜ドキュメントプロパティタブ＞を
クリック

2 ドキュメントプロパティに切り替わり
ます

3 「寸法」をクリック

4 「フォント」をクリック

5 「フォント選択」ダイアログボックスが
現れるので、図のように設定します

6 フォント選択ダイアログボックスの
OKをクリック

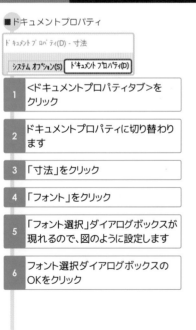

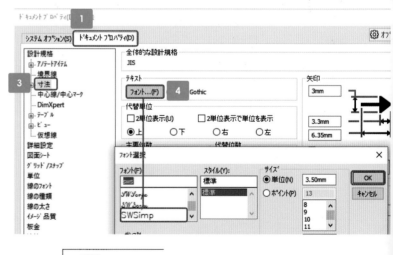

フォントの頭文字を入力
することで簡単に探すこ
とができます。

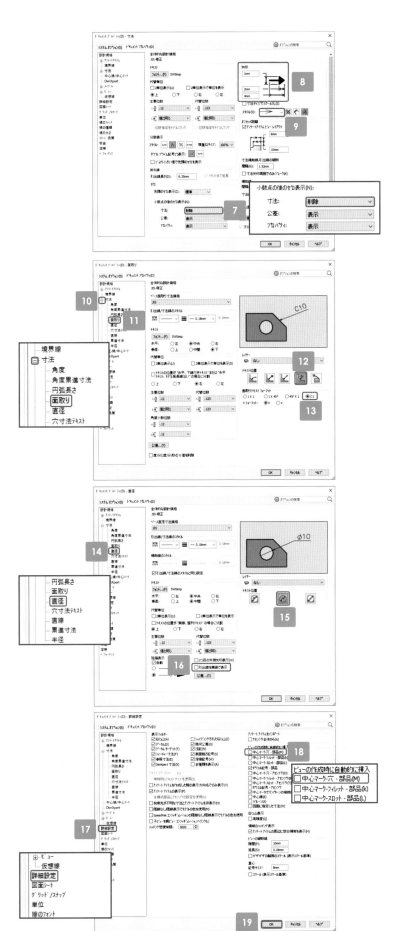

7	小数点後のゼロ表示の寸法を「削除」にします
8	以下のように矢印のサイズを設定します

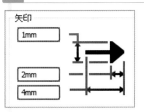

9	スタイルを開矢印にします
10	寸法の「+」ボタンをクリック
11	「面取り」をクリック

12	テキスト位置を図のタイプにします
13	面取りテキストフォーマットを「C1」にします
14	「直径」をクリック

15	テキスト位置を図のタイプにします

16	「引出線を実線で表示」のチェックを外します
17	「詳細設定」をクリック
18	ビューの作成時に自動的に挿入「中心マーク-穴-部品」のチェックを外します
19	OKをクリック
20	システムオプションとドキュメントプロパティの設定ができました

シートプロパティでは図面のシートサイズ、縮尺、図枠の設定などができます。
ここでは、投影図タイプを第3角法に設定します。

1	ツリーの「シート1」を右クリックして メニューを表示します	
2	「プロパティ」を選択すると	
3	シートプロパティが表示されます	
4	内容を確認し、そのまま閉じる場合 はキャンセルをクリック、変更した場 合は「変更を適用」をクリック	
5	シートの設定が確認できました	

✔ シートプロパティでは、シート（図枠）のフォーマットやサイズ、図面のスケール（尺度）、投影法を設定することができます。

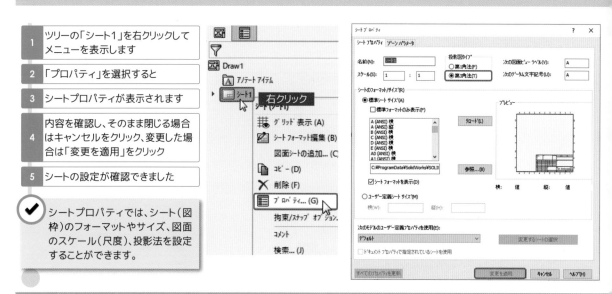

●投影図の配置

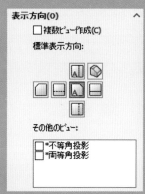

■第3角法とは
品物の手前に透明のガラスを設けて、このガラスに投影する方法を第3角法といいます。機械製図ではこの投影法を使います。

■基本平面と図面投影機能
SOLIDWORKS で部品やアセンブリを作るときは基本平面（デフォルト平面）の正面、平面、右側面を基準にしています。図面の投影機能はこの基本平面に対応しており、例えば部品を基本平面の正面に垂直な方向から見た図形が正面図となります。

■3面図とは
図形は品物の特徴を最もよく表す面を正面図として描き、正面図で表せないところを平面図や側面図などで補足します。多くの品物は正面図、平面図、側面図の3面で表現することができ、この3面で表す図面のことを3面図と呼んでいます。

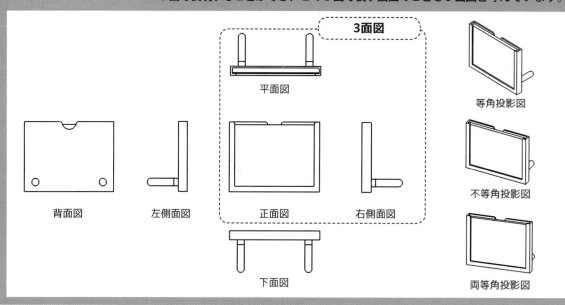

カードスタンド組立

4 組立図を作成する

1 図を配置する

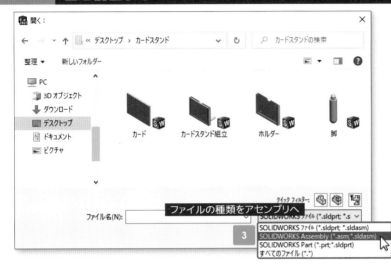

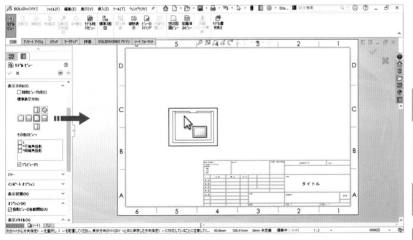

■図面シート編集中

1 ＜図面タブ＞
「モデルビュー」をクリック

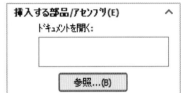

2 参照をクリック

3 ファイルの種類を「アセンブリ」にします

4 「カードスタンド組立」を選択して開きます

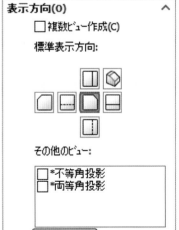

5 「正面」をオンにして、「プレビュー」にチェックを入れます

オプション(N)

☑投影ビューの自動開始(A)

6 オプションの「投影ビューの自動開始」にチェックを入れます

7 ポインタを図面上に移動すると正面図が現れます

| 8 | 図に示す位置でクリック |
| 9 | 正面図が入りました |

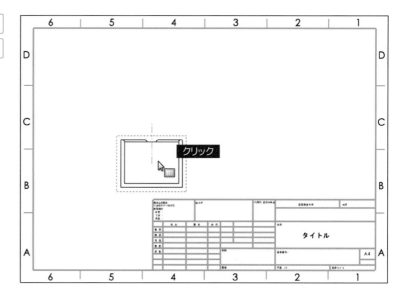

10	続けてポインタを上に移動すると平面図が現れます
11	図に示す位置でクリック
12	平面図が入りました

✔ ポインタを移動する方向によって、対応する投影図が現れます。

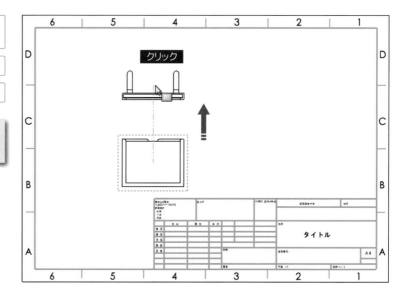

13	続けてポインタを右に移動すると右側面図が現れます
14	図に示す位置でクリック
15	右側面図が入りました

| 16 | OKをクリック |
| 17 | 3面図ができました |

🔑 投影図の方向が図と異なる場合は、第1角法の設定になっています。P112を参照して、第3角法に切り替えましょう。

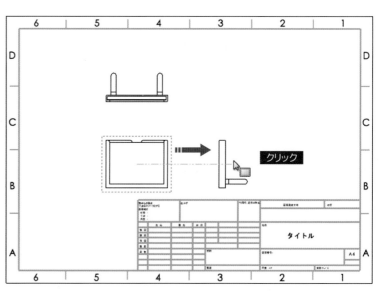

Chapter 5

1 ＜シート1タブ＞を右クリックして
メニューを表示します

2 「プロパティ」を選択すると

3 シートプロパティが現れます

4 スケールが「1：2」になっていること
を確認します

5 そのまま閉じる場合はキャンセルを
クリック、変更した場合は「変更を適
用」をクリック

6 図面の尺度が確認できました

✓ ビューのスケール（尺度）の変更は、
「シートプロパティ」で行います。

Chapter 5

3 図を移動する

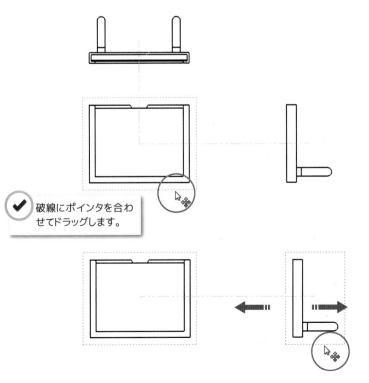

✓ 破線にポインタを合わ
せてドラッグします。

1 正面図にポインタを近づけると破線が
現れます

2 ポインタが変化します

3 破線をドラッグすると正面図ととも
に平面図と右側面図も動きます

✓ 正面図と平面図、右側面図は二点
鎖線で結ばれています。
これは正面図が親になっているこ
とを意味しています。

4 右側面図をドラッグすると右側面図
だけが動きます

✓ 右側面図は正面図を親としている
ので、親からの投影方向にのみ移
動できます。

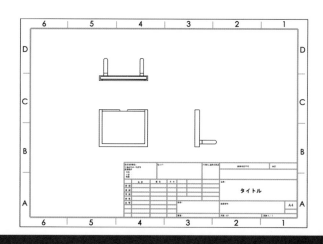

5	図の配置を整えます

4　寸法を記入する

1	<アノテートアイテムタブ> 「スマート寸法」をクリック

✓ ✕

DimXpert　自動寸法

援助寸法ツール(M)　∧

🔲 スマート寸法(M)

◉ □ ラピッド寸法

🔳 DimXpert(I)

2	ラピッド寸法のチェックを外します

✔ ラピッド寸法についてはP119を
参照してください。

3	図に示すエッジをクリック
4	図に示すエッジをクリック
5	上に引き出し、適当なところで クリックすると
6	寸法が記入できます

7	図に示すエッジをクリック
8	図に示す円弧をクリック
9	上に引き出し、適当なところで クリックすると
10	寸法が記入できます

✔ 寸法の記入方法は、モデル作成
時にスケッチで記入する方法と同
様です。

✔ <アノテートアイテムタブ>
と<スケッチタブ>にあるス
マート寸法コマンドは同じも
のです。

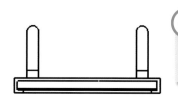

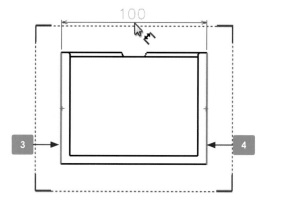

✔ 寸法記入直後は、選択状態に
なっているため、そのまま寸
法配置プロパティの設定が
可能です。

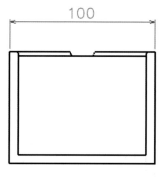

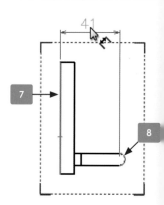

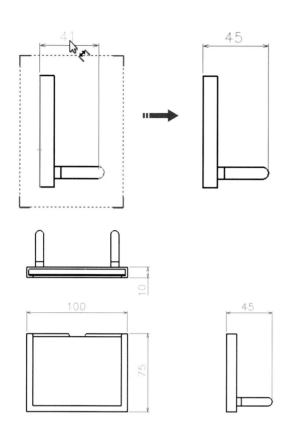

↖ 寸法配置	?
✓	
値 | 引出線 | その他	

11	寸法配置プロパティの <引出線タブ>をクリック

円弧の状態
第1円弧の状態：
○中心(C)   ○最小(I)   ●最大(A)

12	円弧の状態を 「最大」に合わせます
13	エッジと円弧の最大寸法に なりました

✓

14	OKをクリックします
15	図に示すように残りの寸法も記入します

✓ 今回のように、手動で記入した寸法は灰色で表示されています。これは、モデルと相関関係を持たない参考の寸法で、従動寸法であることを意味しています。

5　図を追加する

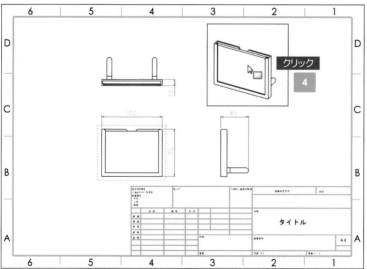

クリック
4

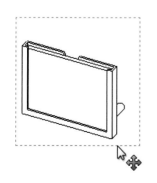

✓ 不等角投影図は新たに挿入したビューなので独立しています。ドラッグすると単独で移動することができます。

1	<図面タブ> 「モデルビュー」をクリック

挿入する部品/アセンブリ(E)
ドキュメントを開く：
🗊 カードスタンド組立

2	「カードスタンド組立」を ダブルクリック

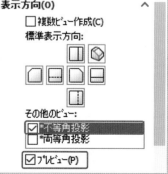

表示方向(O)
☐ 複数ビュー作成(C)
標準表示方向：

その他のビュー：
☑ *不等角投影
☐ *両等角投影
☑ プレビュー(P)

3	「不等角投影」と「プレビュー」に チェックを入れます
4	ポインタを図面上に移動して 図に示す位置でクリック
5	不等角投影図が配置されました

Chapter 5

1	不等角投影図のビューをクリック

表示スタイル(S)

2	表示スタイルの「エッジシェイディング表示」をクリック
3	表示スタイルを変更できました

✔ 部品やアセンブリで色をつけておくと図面に反映されます。色のつけ方はP104を参考にしてください。

1	シートタブの上で右クリックしメニューを表示します

■シートフォーマット編集中

2	「シートフォーマット編集」を選択して、図枠の編集に入ります

✔ シートフォーマット編集中は、図面から図が消えて、図枠が編集できる状態になります。

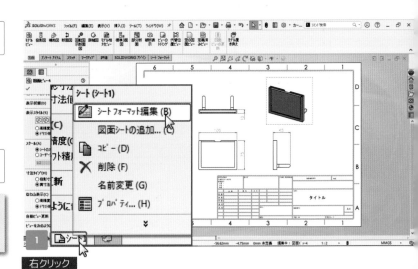

右クリック

3	「タイトル」の文字にポインタを近づけると

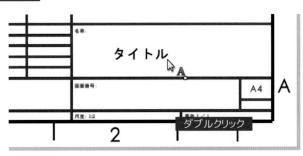

4	ポインタが変化します
5	ダブルクリックすると

6	注記の編集に入ります
7	「カードスタンド組立」と入力します
8	文字枠の外でクリック
9	注記の編集ができました

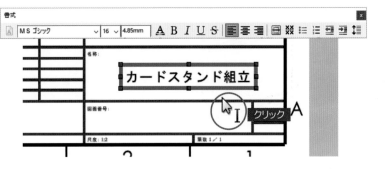

Chapter 5

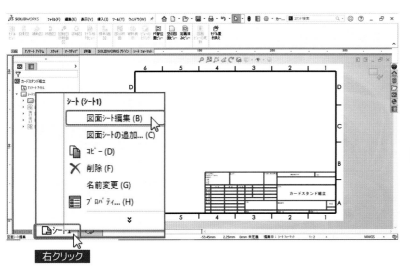

| 10 | シートタブの上で右クリックし メニューを表示します |

| 11 | 「図面シート編集」を選択して、 図面シート編集に戻ります |

確認コーナーの  をクリック してもシートフォーマット編集を終了 できます。

■図面シート編集

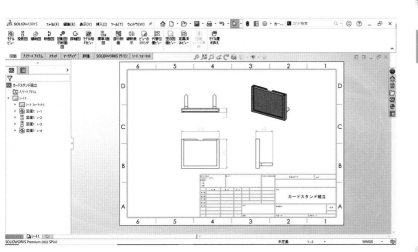

| 12 | 組立図「カードスタンド組立」が 完成しました |

Chapter 5

ラピッド寸法

援助寸法ツール「ラピッド寸法」にチェックが入った状態で寸法を入れると、クリック した側に設定された距離で寸法が配置されます。

距離の設定はオプション→ドキュメントプロパティー寸法→「オフセット距離」で行い ます。

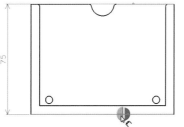

左側の半円の上でクリックすると 寸法が左側に配置されます。

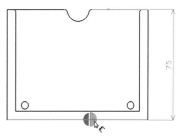

右側の半円の上でクリックすると 寸法が右側に配置されます。

5 部品図を作成する その①

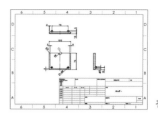

部品図　ホルダー

1　図面シートを追加する

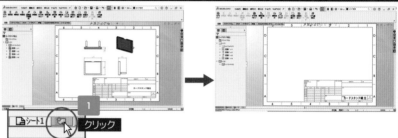

1 「シートを追加」をクリック

2 シートが追加されました

クリック

3 追加されたシートタブの上で右クリックしメニューを表示します

4 「プロパティ」をクリック

右クリック

✔ プロパティには、ツリーの「シート」の右クリックメニューか、画面左下の<シートタブ>の右クリックメニューから入ることができます。

5 標準シートフォーマット「A4-original」を選択します

6 「変更を適用」をクリック

7 図枠が「A4-original」に変わりました

A4-original

✔ シートを追加することにより、1つの図面ドキュメントに複数の図面を作成・保存しておくことができます。

2　3面図を配置する

標準3面図

1 <図面タブ>「標準3面図」をクリック

挿入する部品/アセンブリ

ドキュメントを開く:

参照...(B)

2 参照をクリック

3 ファイルの種類を部品にします

4 「ホルダー」を選択して開きます

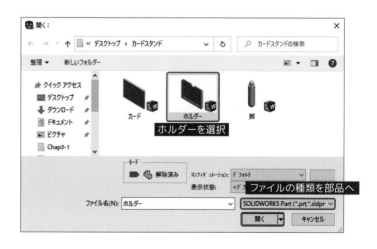

ホルダーを選択

ファイルの種類を部品へ

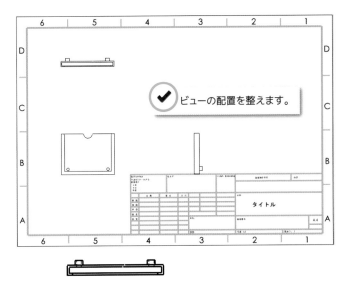

✔ ビューの配置を整えます。

5	標準3面図が配置されます

✔ 「標準3面図」では、部品またはアセンブリの正面図、平面図、右側面図を同時に配置することができます。

✔ 尺度が自動調整されて、ビューが配置されます。

6	正面図（親ビュー）をクリック

表示スタイル(S)

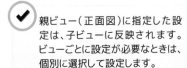

7	表示スタイルの「隠線表示」をクリック
8	図に隠線が入りました

✔ 親ビュー（正面図）に指定した設定は、子ビューに反映されます。ビューごとに設定が必要なときは、個別に選択して設定します。

クリック

3　中心線を入れる

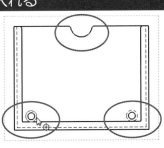

中心マーク

1	＜アノテートアイテムタブ＞「中心マーク」をクリック

2	ポインタが変化します
3	図に示す円（2カ所）と円弧を順にクリックすると
4	円に中心線が入りました

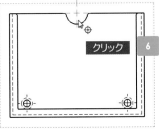
クリック　6

5	OKをクリック

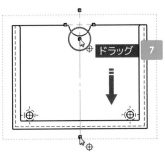
ドラッグ　7

6	図に示す中心線をクリック
7	端点をドラッグすると
8	中心線が延長します

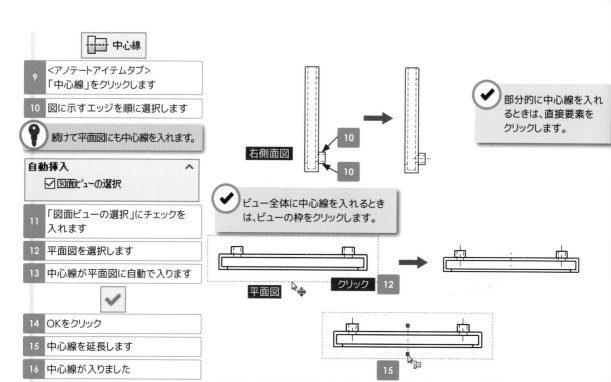

中心線

9	<アノテートアイテムタブ>「中心線」をクリックします

10	図に示すエッジを順に選択します

🔑 続けて平面図にも中心線を入れます。

自動挿入 ∧
☑ 図面ビューの選択

11	「図面ビューの選択」にチェックを入れます
12	平面図を選択します
13	中心線が平面図に自動で入ります

✓

14	OKをクリック
15	中心線を延長します
16	中心線が入りました

✔ 部分的に中心線を入れるときは、直接要素をクリックします。

✔ ビュー全体に中心線を入れるときは、ビューの枠をクリックします。

4　寸法を自動で入れる

モデルアイテム

1	<アノテートアイテムタブ>「モデルアイテム」をクリック

ソース/指定先(S) ∧
ソース:
モデル全体 ∨
☑ 全ビューへアイテム読み込み(I)

2	図のように設定します

オプション(O) ∧
☐ 非表示フィーチャーのアイテムを含む(H)
☐ スケッチの寸法配置使用(U)

3	「スケッチの寸法配置使用」のチェックを外します

✓

4	OKをクリックすると
5	寸法が自動で入りました

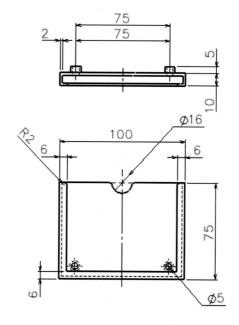
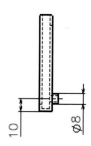

5　寸法を移動する

1	寸法をドラッグすると
2	寸法が移動します

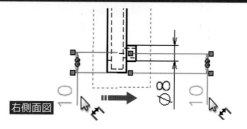

右側面図

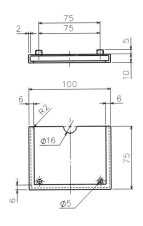

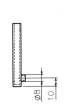

3 図に示すように寸法を移動して整えます

🔑 モデル作成時の寸法入力状況によっては、図のような配置にならない場合もあります。

6 直径寸法から半径寸法に変更する

✔ 長さ寸法の場合も同様に変更できます。

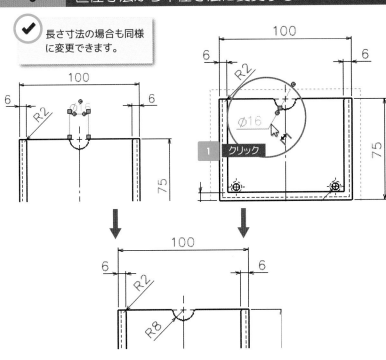

1 クリック

1 図に示す寸法をクリックします

寸法配置 ⑦

値 | 引出線 | その他

2 ツリーの寸法配置プロパティの<引出線タブ>をクリック

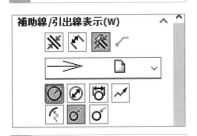

補助線/引出線表示(W)

3 補助線/引出線表示の「半径」をクリック

4 直径寸法から半径寸法に変わりました

7 直径寸法の表示を変更する

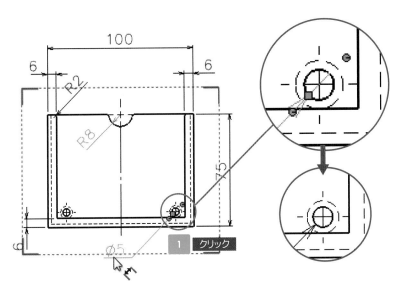

1 クリック

1 図に示す寸法を選択します

2 ツリーの寸法配置プロパティの<引出線タブ>をクリック

3 「1矢印/開き引出線」をクリックすると引出線が非表示になりました

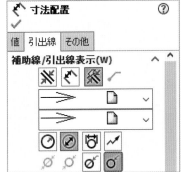

寸法配置 ⑦

値 | 引出線 | その他

補助線/引出線表示(W)

Chapter 5

8　寸法に接頭語を追加する

1　ツリーの寸法配置プロパティの
　　<値タブ>をクリック

寸法テキスト(T)

2x<MOD-DIAM><DIM>

2　<MOD-DIAM>の前に2xを追加して
　　2x<MOD-DIAM><DIM>にすると

3　寸法φ5に接頭語が追加され
　　「2xφ5」になりました

4　OKをクリック

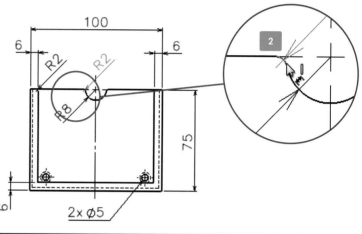

✔ <DIM>は寸法値、<MOD-DIAM>
は直径の記号です。
その前後にコメントを追加します。

✔ 寸法が移動した場合はドラッグし
て配置します。

※本書では「×」は、小文字のx(エックス)を使用しています。

9　不足している寸法を追加する

1　「スマート寸法」をクリック

2　図に示す円弧に寸法を入れます

3　OKをクリック

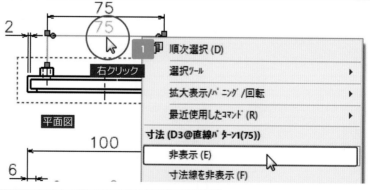

10　寸法を非表示にする

1　図に示す寸法を右クリックし
　　メニューを表示します

2　「非表示」を選択すると

3　寸法が非表示になりました

非表示にした寸法を再び表示する
には?
メニューバーの「表示」から「非表示/
表示」▶「アノテートアイテム」を選
択します。すると、非表示の寸法が
灰色で表示されます。寸法をクリッ
クするたびに表示と非表示が入れ
替わります。

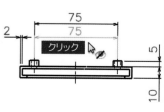

Chapter 5

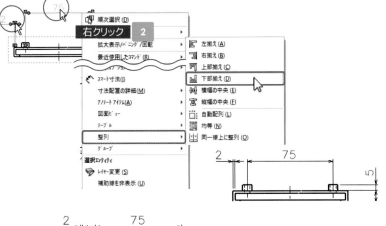

1 Ctrlキーを押しながら、図に示す2つの寸法を選択します

2 選択した状態で右クリックしメニューを表示します

3 整列▶下部揃えを選択すると

4 下にある寸法線を基準に整列しました

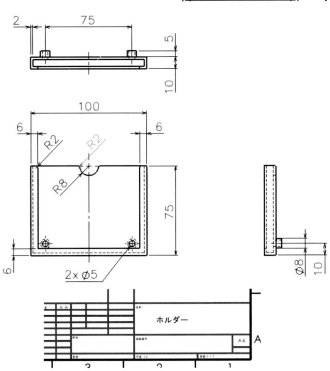

寸法矢印の向きを変える方法はP129で解説しています。

■シートフォーマット編集中

5 シートフォーマット編集に入ります

6 タイトルを「ホルダー」に編集します

■図面シート編集中

7 図面シート編集に戻ります

8 部品図「ホルダー」が完成しました

Chapter 5

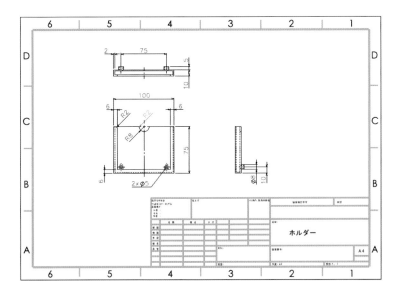

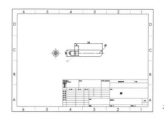

部品図 脚

図面の作成

6

部品図を作成する
その②

1 図を配置する

1	「シートを追加タブ」をクリック

2	シートが追加されました

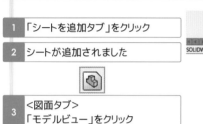

3	<図面タブ>「モデルビュー」をクリック

挿入する部品/アセンブリ

ドキュメントを開く:

参照...(B)

4	参照をクリックして、「脚」を開きます

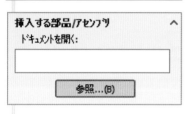

5	正面図を適当なところに配置します

6	OKをクリック

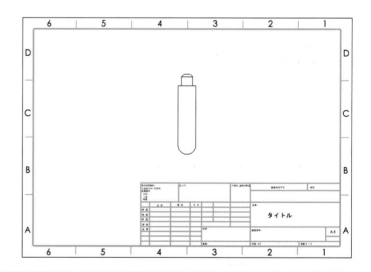

2 図を回転する

1	<ヘッズアップビューツールバー>「回転」をクリック

2	正面図をドラッグして、図に示すような位置まで回転します

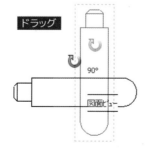

ドラッグ

90°

図面ビュー

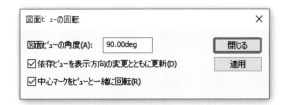

3	閉じるをクリック
4	図の回転が確定します

3　投影図を追加する

投影図

1	<図面タブ> 「投影図」をクリック
2	正面図の左側へポインタを 移動すると

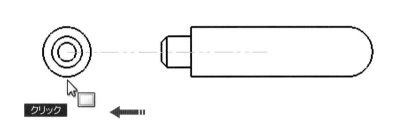

クリック

3	左側面図が現れます
4	図に示す位置に配置します

5	OKをクリック

4　スケールを確認する

Chapter 5

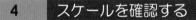
▶ 🔲 シートフォーマット4
▶ 🔵 図面ビュー11
▶ 🔲 図面ビュー12

シート(シート3)

📝 シートフォーマット編集 (B)
　図面シートの追加... (C)
🔲 コピー (D)
✕ 削除 (F)
　名前変更 (G)
📋 プロパティ... (H)
　⤵

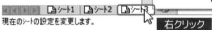

◀ ◀ ▶ ▶| 🔲シート1 🔲シート2 🔲シート3 🔲
現在のシートの設定を変更します。　　右クリック

🗝	スケール(尺度)を確認しておき ます。
1	シートタブの上で右クリックし メニューを表示します
2	「プロパティ」をクリック

3	スケールを確認できます
✔	モデルのサイズにより自動で スケールが選択されます。

4	そのまま閉じる場合はキャンセルを クリック、変更した場合は「変更を適 用」をクリック

部品図を作成する　その②　127

5　中心線を入れる

⊕	
1	<アノテートアイテムタブ>「中心マーク」をクリックし図に示す円をクリック
✓	
2	OKをクリック
⊞	
3	「中心線」をクリックし、図に示す円筒面を選択します
✓	
4	OKをクリック

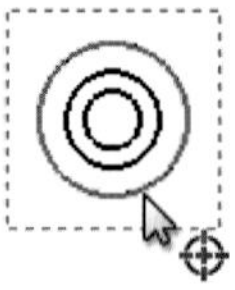

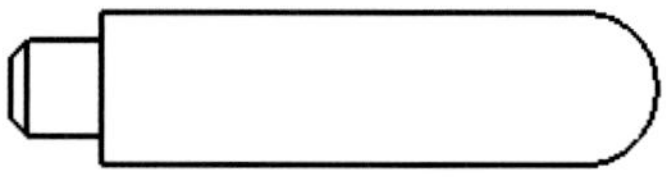

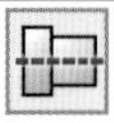

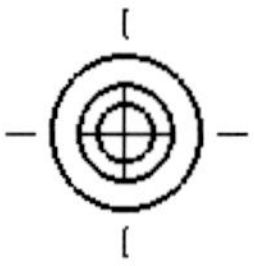

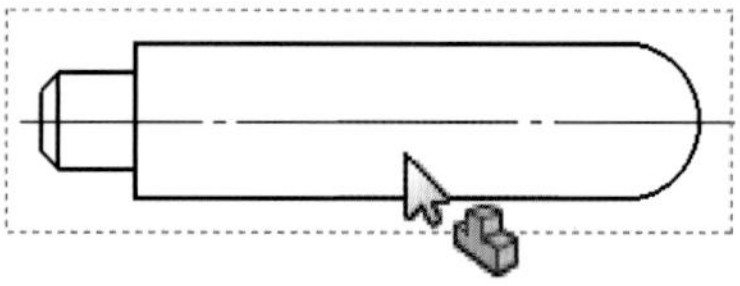

✔ 中心線の長さは線の端点をドラッグして調整します。

6　寸法を自動で入れる

🔧	
1	<アノテートアイテムタブ>「モデルアイテム」をクリック
2	正面図を選択します

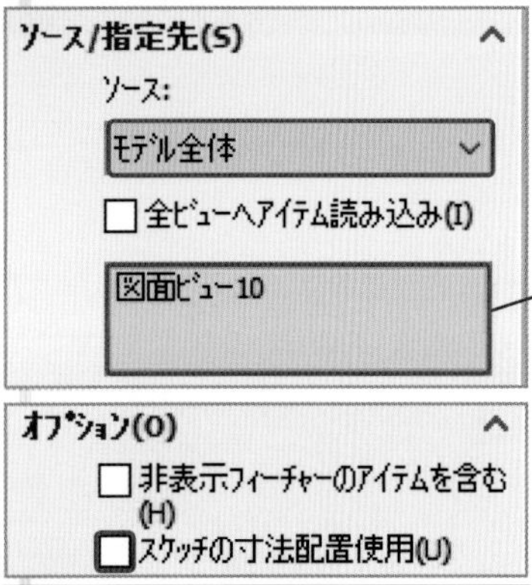

ソース/指定先(S)

ソース:

モデル全体 ∨

☐ 全ビューへアイテム読み込み(I)

図面ビュー10

オプション(O)

☐ 非表示フィーチャーのアイテムを含む(H)

☐ スケッチの寸法配置使用(U)

3	図のように設定をします
✓	
4	OKをクリック
5	選択した正面図のみ、寸法が入りました
6	「45°」の寸法をクリック
7	Deleteキーで削除します

✔ 必要ない寸法は削除します。

| 8 | 寸法の配置を整えます |

✔ 寸法補助線の長さを変えるには端点マークをドラッグします。

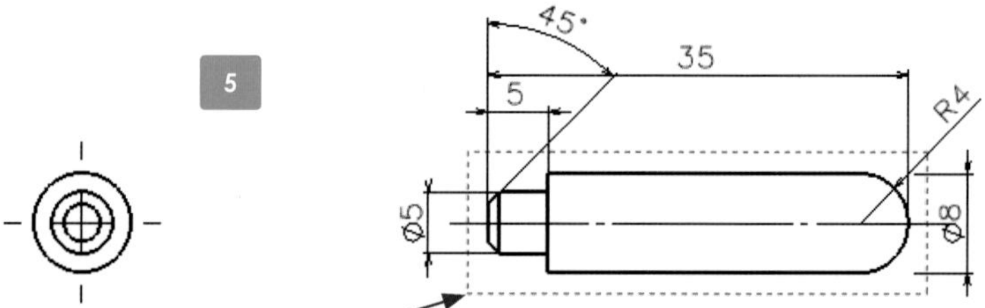

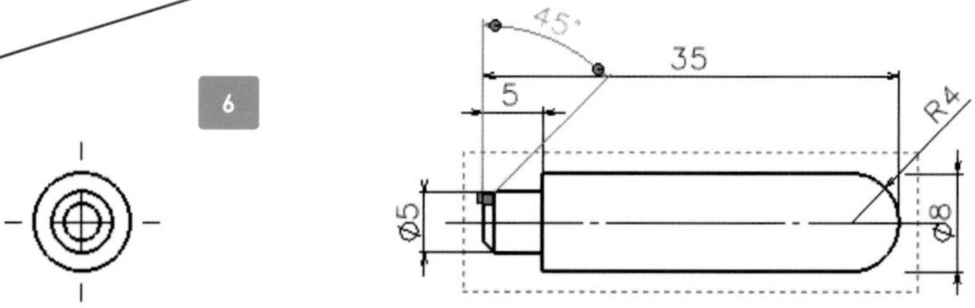

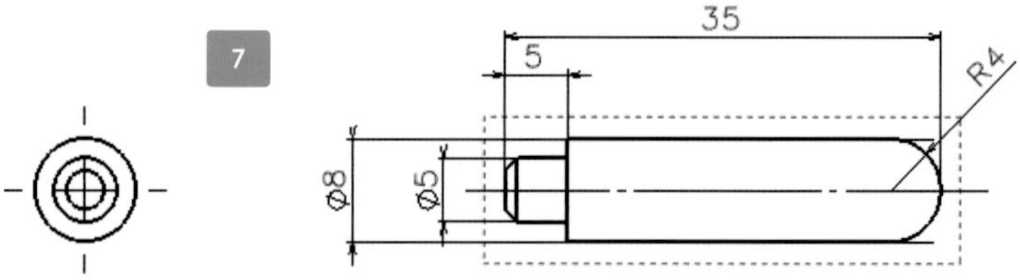

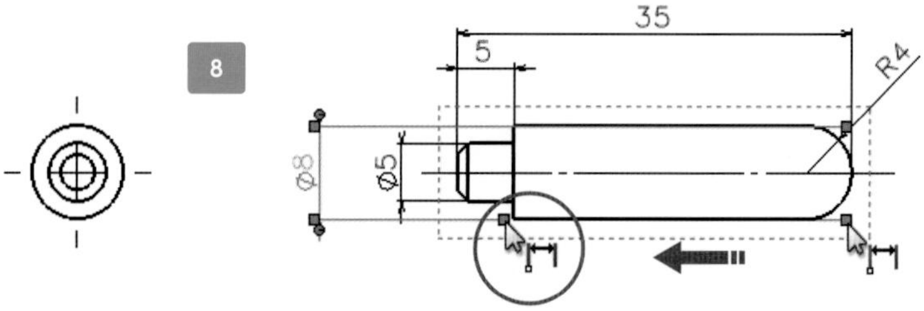

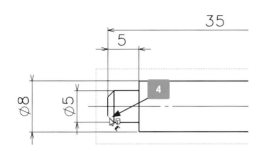

1	「寸法フライアウト」ボタンをクリック

面取り寸法

2	「面取り寸法」をクリック
3	ポインタが変化します
4	まず図に示すエッジをクリック
5	次に図に示すエッジをクリック
6	面取り寸法が現れるので適当なところに配置します

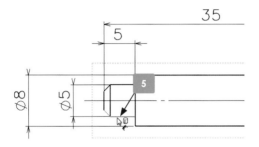

7	OKをクリック
8	面取り寸法が入りました

✔ 面取り寸法のタイプは、寸法配置プロパティの寸法テキスト項目で変更することができます。

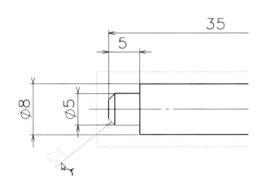

Chapter 5

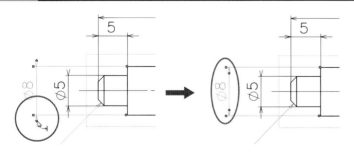

1	図に示す寸法をクリック
2	寸法矢印に円形ハンドルが現れます
3	円形ハンドルをクリックすると
4	矢印が内向きになります

✔ もう一度円形ハンドルをクリックすると元に戻ります。

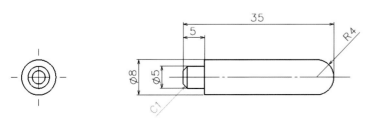

5	ほかの寸法も同様に行います

6	シートフォーマット編集に入ります

7	タイトルを「脚」に編集します

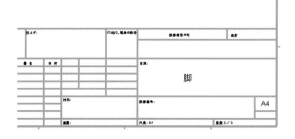

■図面シート編集中

8	図面シート編集に戻ります

9	部品図「脚」が完成しました

9　図面ドキュメントを保存する

1	1つの図面ドキュメントの中に3枚の図面シートを作成しました

> ✔ シートタブをクリックすると、それぞれの図面に切り替えることができます。

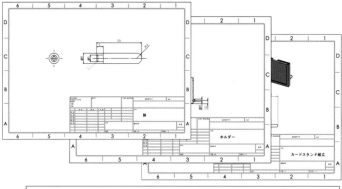

2	保存をクリック

3	「変更されたドキュメントの保存」ダイアログボックスが現れます

4	「すべて保存」をクリック

> ✔ 確認メッセージは、図面に加えた変更を参照するモデルへ反映させるかどうかを確認するものです。これが双方向完全連想性です。

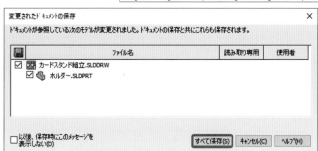

> ✔ 再構築メッセージは、保存前の再構築確認です。「ドキュメントの再構築と保存（推奨）」を選びます。

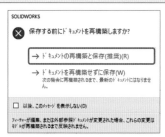

5	「指定保存」ダイアログボックスが現れます

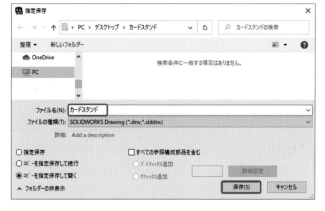

6	「カードスタンド」という名前を入力し、保存します

7	図面ドキュメントを保存できました

Chapter 5

Chapter 6

応用演習
ちょっと難しいモデルに挑戦しよう

ちょっと難しいモデルに挑戦しよう

● 「コーヒーミル」を作る

モデルは「コーヒーミル」です。

コーヒー豆を挽くために使用する道具です。

本Chapterでは、このコーヒーミルの作成を通して、基本機能の復習とさまざまな応用機能を習得します。

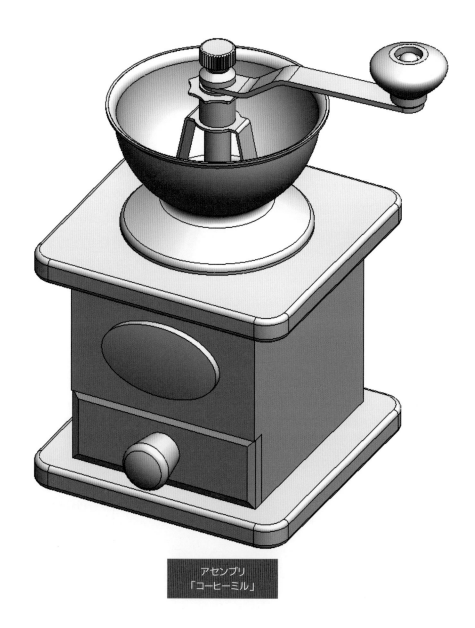

アセンブリ
「コーヒーミル」

「コーヒーミル」は、複数の部品から構成されるアセンブリモデルです。構成部品のうち「ホッパー」「スペーサー」「軸固定ネジ」が単体の部品であるのに対し、「コンテナ組立」「ミル刃組立」「ハンドル組立」はそれぞれ複数の部品からなる組立品（アセンブリ）です。このように、アセンブリを構成する組立品のことを『**サブアセンブリ**』といいます。

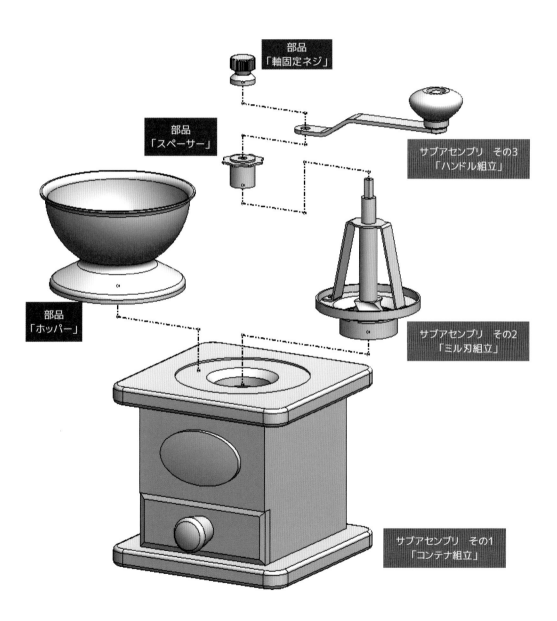

部品
「軸固定ネジ」

部品
「スペーサー」

サブアセンブリ　その3
「ハンドル組立」

部品
「ホッパー」

サブアセンブリ　その2
「ミル刃組立」

サブアセンブリ　その1
「コンテナ組立」

Chapter 6

1 構成に合わせてフォルダを作る

●樹形図

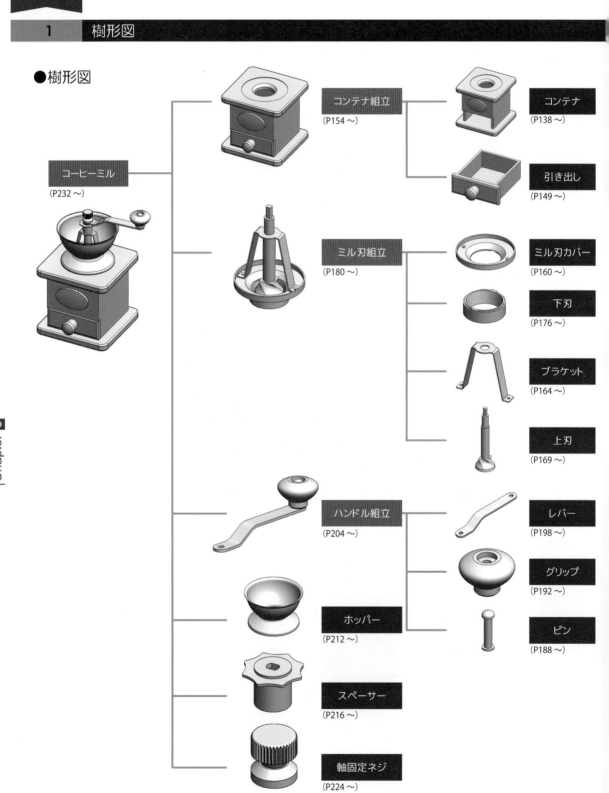

コーヒーミル
(P232 〜)

コンテナ組立
(P154 〜)

コンテナ
(P138 〜)

引き出し
(P149 〜)

ミル刃組立
(P180 〜)

ミル刃カバー
(P160 〜)

下刃
(P176 〜)

ブラケット
(P164 〜)

上刃
(P169 〜)

ハンドル組立
(P204 〜)

レバー
(P198 〜)

グリップ
(P192 〜)

ピン
(P188 〜)

ホッパー
(P212 〜)

スペーサー
(P216 〜)

軸固定ネジ
(P224 〜)

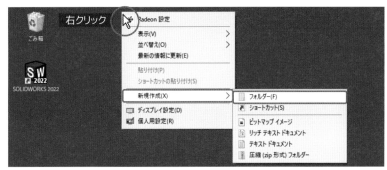

1	SOLIDWORKSを最小化して デスクトップを表示します
2	デスクトップ上で右クリックして メニューを表示します
3	新規作成▶ 「フォルダー」を選択します

4	デスクトップ上に「新しいフォル ダー」が作成されます
5	フォルダ名に「コーヒーミル」と 入力します

6	「コーヒーミル」のフォルダを 開きます
7	図に示す位置で右クリック
8	新規作成▶ 「フォルダー」を選択します

9	「新しいフォルダー」が 作成されます
10	フォルダ名に「コンテナ組立」と 入力します
11	同様にして、「ハンドル組立」 「ミル刃組立」のフォルダを 作成します

12	構成に合わせてフォルダが 用意できました

✔ 部品点数が多いモデルを作成す るときはモデルを作成する前に フォルダを準備しておくと管理し やすくなります。

Chapter 6

サブアセンブリ　その1

サブアセンブリ名
「コンテナ組立」

組立手順
　1. コンテナを配置する
　2. 引き出しを挿入する
　3. 移動距離を設定する

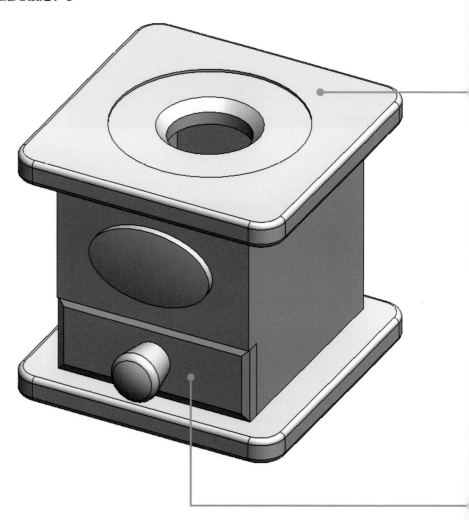

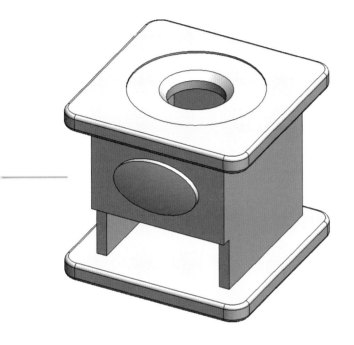

部品名
「コンテナ」

作業手順
1. 基礎となる形状を作る
2. モデルの中身を削除する
3. 底板を作る
4. 天板を作る
5. 引き出し口をあける
6. 天板を加工する
7. 銘板をつける
8. フィーチャーを削除する

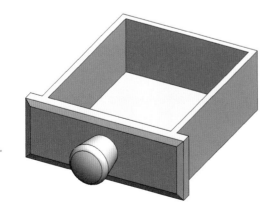

部品名
「引き出し」

作業手順
1. 基礎となる形状を作る
2. 箱状にする
3. 前板を追加する
4. 長さの異なる面取りをする
5. 取っ手を追加する

2 形状をミラー複写する

コンテナ

1 基礎となる形状を作る   押し出し：中間平面

1 新しく部品ドキュメントを開きます

2 ツリーの「平面」を選択してスケッチに入ります

3 「矩形」をクリック

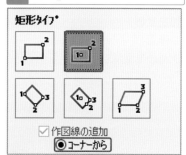

矩形タイプ

☑ 作図線の追加
◉ コーナーから

4 矩形タイプの「矩形中心」をクリック

5 「コーナーから」にします

6 原点を中心に図のようなスケッチを描きます

7 「スマート寸法」をクリック

8 図に示す寸法を入力します

9 「押し出しボス/ベース」をクリック

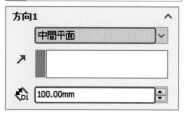

方向1

中間平面

↗
📏 100.00mm

10 以上のように設定します

11 OKをクリック

12 基礎となる形状ができました

✔ 平面を選択すると現れる<コンテキストツールバー>からもスケッチに入れます。

🔑 ※手順途中の拘束マークは省略しています。

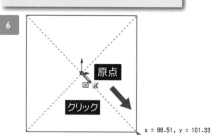

原点
クリック
x = 98.51, y = 101.33
クリック

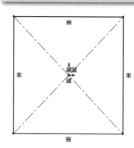

80

90

✔ スケッチを終了せずに、そのままフィーチャーコマンドに入ることもできます。

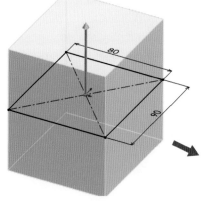

80

80

✔ 中間平面は、スケッチ平面を基準に等しく厚みを振り分けるオプションです。

✔ ver.2022からスケッチに入ると毎回、自動的に表示が切り替わるようになりました。ver.2021以前は2つ目のスケッチからは自動的に表示が切り替わりません。
 「選択アイテムに垂直」でスケッチ面が真正面を向くようにします。

 平面

| 1 | ツリーの「平面」を選択してスケッチに入ります |

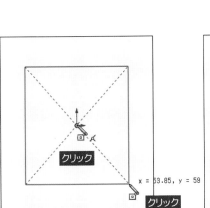

クリック

x = 53.85, y = 59

クリック

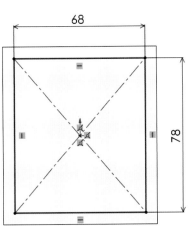

68

78

2	「矩形」をクリック
3	矩形タイプの「矩形中心」をクリック
4	「コーナーから」にします
5	原点を中心に図のようなスケッチを描きます
6	「スマート寸法」をクリック
7	図に示す寸法を入力します

✔ 矩形タイプから矩形の描き方を選ぶことができます。「矩形中心」の作図線の追加オプション「コーナーから」「中点から」はver.2016から追加されました。

矩形コマンドの使い方

矩形中心コマンドのオプション

矩形中心コマンドで描いた矩形には作図線が追加されます。

矩形タイプ

矩形中心

 ☑作図線の追加
 ●コーナーから
○中点から

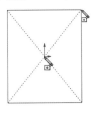

☑作図線の追加
○コーナーから
●中点から

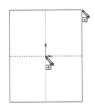

矩形コーナーコマンドで描いた矩形の中心を原点に一致させるには

矩形タイプ

矩形コーナー

対角位置をクリックして矩形を描きます。

中心線コマンドで対角線を1本描きます。

✏中点(M)

原点と中心線に中点の拘束をつけます。

矩形の中心と原点の位置が一致しました。

Chapter 6

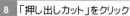

8	「押し出しカット」をクリック

方向1 ∧

↗ 全貫通 - 両方 ∨

↗ [　　　　　　　　　　]

☐ 反対側をカット(F)

[　　　　　　　　　　] ↕

☐ 外側に抜き勾配指定(O)

☑ 方向2 ∧

全貫通 ∨

[　　　　　　　　　　] ↕

9	以上のように設定します

✔ 「全貫通ー両方」を選択すると「方向2」にチェックが入り「全貫通」となります。方向1、方向2はそれぞれ別の設定に変更することができます。

10	OKをクリック

11	モデルの中身が削除できました

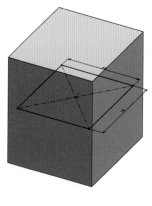

✔ 2つ目のフィーチャーからは自動的に表示が切り替わりません。「不等角投影」を使用するとプレビューが確認しやすくなります。

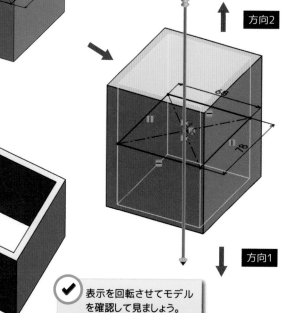

方向2

方向1

✔ 表示を回転させてモデルを確認して見ましょう。

3　底板を作る

拘束：等しい値

1	図に示す面を選択してスケッチに入ります

2	表示方向「底面」をクリック

3	「矩形」をクリック

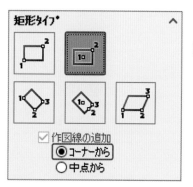

矩形タイプ ∧

☑ 作図線の追加
● コーナーから
○ 中点から

4	原点を中心に図のようなスケッチを描きます

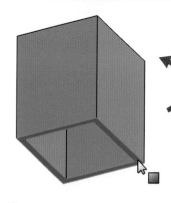

✔ 表示を回転させて選択します。

✔ モデルの面を選択して<コンテキストツールバー>の「スケッチ」からもスケッチを開始することができます。

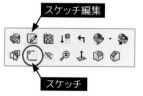

スケッチ編集

スケッチ

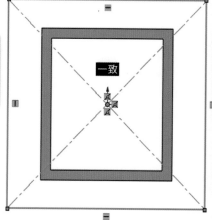

一致

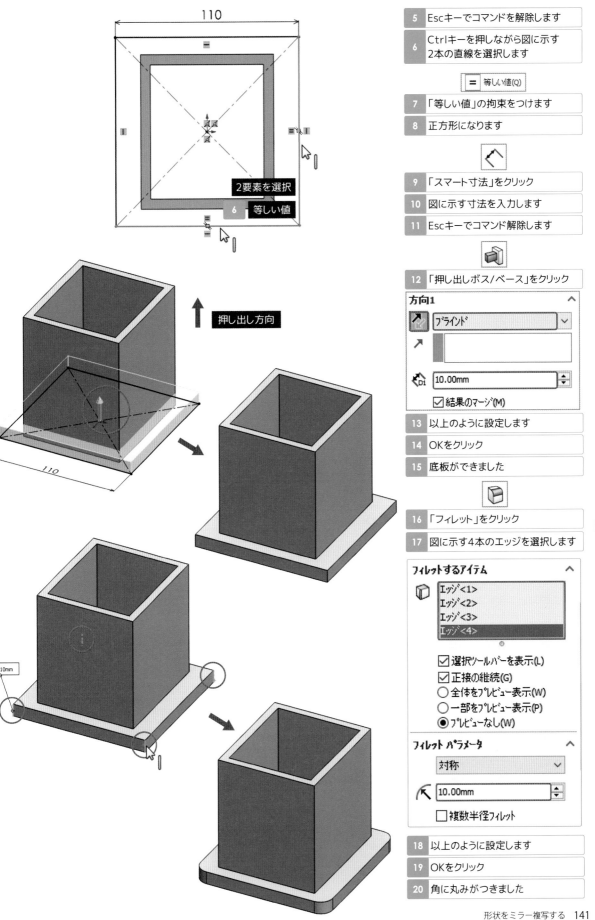

110

押し出し方向

110

10mm

5　Escキーでコマンドを解除します

6　Ctrlキーを押しながら図に示す
　　2本の直線を選択します

│ = │ 等しい値(Q)

7　「等しい値」の拘束をつけます

8　正方形になります

9　「スマート寸法」をクリック

10　図に示す寸法を入力します

11　Escキーでコマンド解除します

12　「押し出しボス/ベース」をクリック

方向1　　　　　　　　　　　∧

↗ │ ブラインド　　　　　　　　∨ │

↗ │　　　　　　　　　　　　　│

⟳Di │ 10.00mm　　　　　　　　⊕ │

　　☑ 結果のマージ(M)

13　以上のように設定します

14　OKをクリック

15　底板ができました

16　「フィレット」をクリック

17　図に示す4本のエッジを選択します

フィレットするアイテム　　　∧

⬡ │ エッジ<1>
　　　エッジ<2>
　　　エッジ<3>
　　　エッジ<4>
　　　　　　　　●

　　☑ 選択ツールバーを表示(L)
　　☑ 正接の継続(G)
　　○ 全体をプレビュー表示(W)
　　○ 一部をプレビュー表示(P)
　　◉ プレビューなし(W)

フィレット パラメータ　　　∧

│ 対称　　　　　　　　　　　∨ │

⌒ │ 10.00mm　　　　　　　　⊕ │

　　☐ 複数半径フィレット

18　以上のように設定します

19　OKをクリック

20　角に丸みがつきました

2要素を選択

6　等しい値

Chapter 6

形状をミラー複写する　141

| 21 | 底板のふちに丸みをつけます |

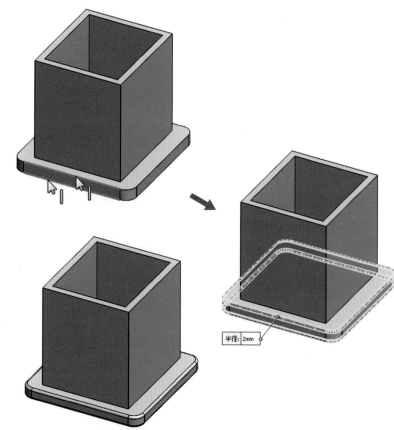

| 22 | 「フィレット」をクリック |

| 23 | 図に示す2本のエッジを選択します |

フィレットするアイテム

エッジ<1>
エッジ<2>

☑ 選択ツールバーを表示(L)
☑ 正接の継続(G)
◉ 全体をプレビュー表示(W)
○ 一部をプレビュー表示(P)
○ プレビューなし(W)

フィレット パラメータ

対称

2.00mm

| 24 | 以上のように設定します |

| 25 | OKをクリック |

| 26 | 底板に丸みがつきました |

| 27 | Escキーで選択解除します |

半径: 2mm

4　天板を作る　　　　　　　　　　　　　　　　　　　　　ミラー

| 1 | 「ミラー」をクリック |

✔ 「ミラー」は選択した平面を基準とし対称に形状を複写します。

✔ グラフィックス領域内の左上にある「▶」マークをクリックするとツリーが展開します。

ミラー

✔ ✕

ミラー面/平面(M)

平面

2次ミラー面/平面(Y)

ミラーコピーするフィーチャー(F)

ボス - 押し出し2
フィレット1
フィレット2

| 2 | 以上のように設定します |

| 3 | OKをクリック |

| 4 | 天板ができました |

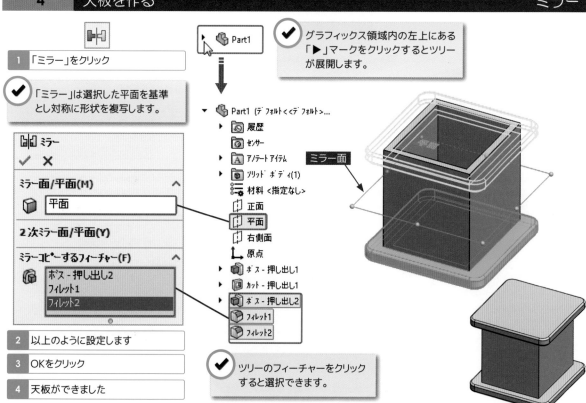

▶ 🍊 Part1

🍊 Part1 (デフォルト<<デフォルト>...
　▶ 📄 履歴
　　 🔘 センサー
　▶ 🅰 アノテートアイテム
　▶ 📦 ソリッド ボディ(1)
　　 📋 材料 <指定なし>
　　 📐 正面
　　 📐 平面
　　 📐 右側面
　　 📐 原点
　▶ 📦 ボス - 押し出し1
　▶ 📦 カット - 押し出し1
　▶ 📦 ボス - 押し出し2
　　 📦 フィレット1
　　 📦 フィレット2

ミラー面

✔ ツリーのフィーチャーをクリックすると選択できます。

Chapter 6

1 「不等角投影」をクリック

2 図に示す面を選択してスケッチに入ります

3 表示方向「選択アイテムに垂直」をクリック

中点の拘束をつけないように注意します。

x = 80, y = 26.9

一致 5

4 「矩形」をクリック

5 図のようなスケッチを描きます

一致

6 「スマート寸法」をクリック

7 図に示す寸法を入力します

8 Escキーでコマンドを解除します

30

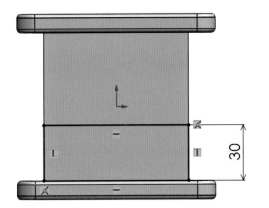

Chapter 6

9 「押し出しカット」をクリック

方向1		
↗	ブラインド	∨
↗		
D1	6.00mm	⇕
□ 反対側をカット(F)		
◇		⇕
□ 外側に抜き勾配指定(O)		

30

10 以上のように設定します

11 OKをクリック

12 引き出し口ができました

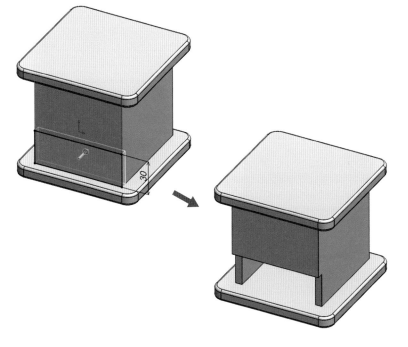

| 1 | 図に示す面を選択してスケッチに入ります |

| 2 | 表示方向「平面」をクリック |

| 3 | 図のようなスケッチを描きます |

| 4 | 「押し出しカット」をクリック |

方向1

| ↗ | ブラインド | ∨ |

| ↗ | | |

| ⌀₁ | 1.00mm | ⬍ |

☐ 反対側をカット(F)

| 5 | 以上のように設定します |

| 6 | OKをクリック |

| 7 | 凹みができました |

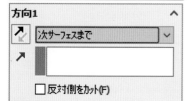

| 8 | 図に示す面を選択してスケッチに入ります |

| 9 | 表示方向「平面」をクリック |

| 10 | 図のようなスケッチを描きます |

| 11 | 「押し出しカット」をクリック |

方向1

| ↗ | 次サーフェスまで | ∨ |

| ↗ | | |

☐ 反対側をカット(F)

| 12 | 以上のように設定します |

| 13 | OKをクリック |

| 14 | 穴があきました |

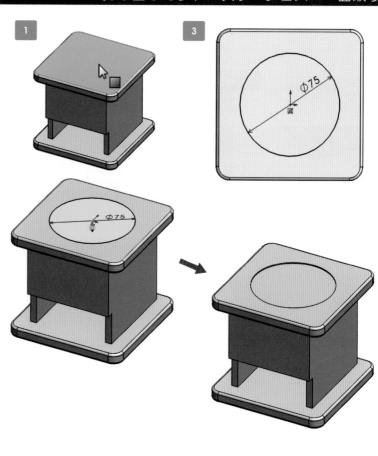

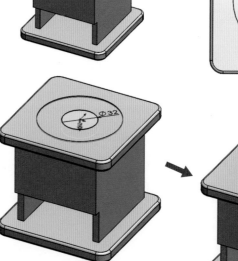

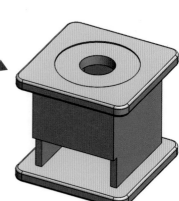

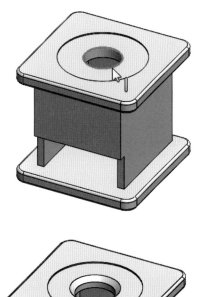

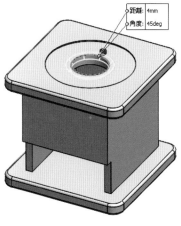

| 15 | 「フィレットフライアウトボタン」から
「面取り」をクリック |

| 16 | 図に示すエッジを選択します |

面取りタイプ

面取りするアイテム

エッジ<1>

☑ 正接の継続(G)

◉ 全体をプレビュー表示(W)

面取りパラメータ

□ 反対方向(F)

4.00mm

45.00deg

17	以上のように設定します
18	OKをクリック
19	面取りができました

7 　銘板をつける 　　　　　　　　　　　　　　スケッチ：楕円

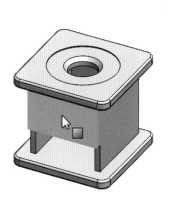

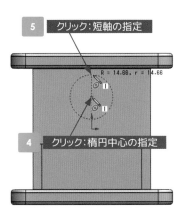

クリック：短軸の指定

5

R = 14.66, r = 14.66

4 　クリック：楕円中心の指定

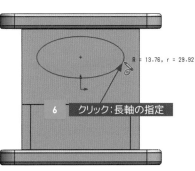

R = 13.76, r = 29.92

6 　クリック：長軸の指定

| 1 | 図に示す面を選択してスケッチに
入ります |

| 2 | 表示方向「選択アイテムに垂直」を
クリック |

| 3 | <スケッチタブ>「楕円」をクリック |

✔ Command Managerに「楕円」
アイコンがない場合は、
<メニューバー>のツール▶
スケッチエンティティ▶
「楕円」
で選択します。

4	図に示す位置をクリック
5	ポインタを上に移動してクリック
6	ポインタを横に移動してクリック
7	楕円が描けました
8	Escキーでコマンドを解除します

Chapter 6

9	Ctrlキーを押しながら楕円の中心と原点を選択します

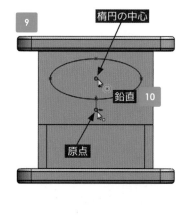

楕円の中心

鉛直 10

原点

	鉛直(V)

10	「鉛直」の拘束をつけます

11	Escキーで選択を解除します

12	Ctrlキーを押しながら楕円の中心と左の点を選択します

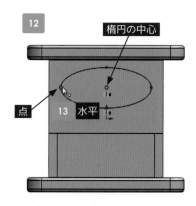

楕円の中心

点

13 水平

	水平(H)

13	「水平」の拘束をつけます

14	Escキーで選択解除します

15	「スマート寸法」をクリック

16	図のように楕円の点と点の間に寸法を入力します

17	残りの寸法も入力します

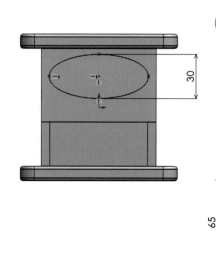

30

🔑 拘束マークを表示していると、点に重なって寸法が入れにくい場合があります。非表示にするとよいでしょう。(P64参照)

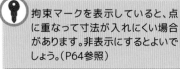

50

65

30

18	「押し出しカット」をクリック

方向1

↗ ブラインド ∨

↗ [　　　　]

⬚D1 3.00mm

☐ 反対側をカット(F)

◨ [　　　　]

☐ 外側に抜き勾配指定(O)

19	以上のように設定します

20	OKをクリック

21	コンテナが完成しました

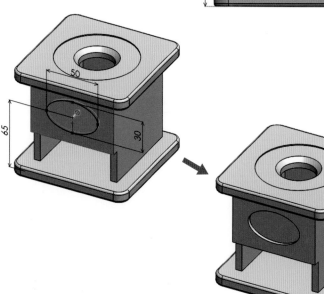

50

65

30

✔ 銘板を押し出すつもりが凹んでしまいました。
次の項で修正していきます。

Chapter 6

押し出しカットフィーチャーから、押し出しフィーチャーへ直接変更することはできません。
押し出しカットフィーチャーを削除して、改めて押し出しフィーチャーを作成します。

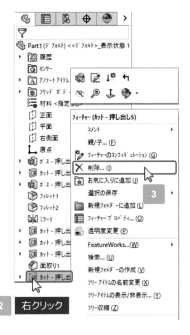

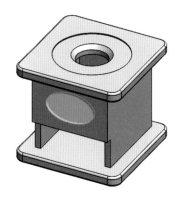

| 1 | 図に示すツリーのフィーチャーに
マウスポインタを合わせます |

| 2 | 右クリックするとメニューが表示さ
れます |

| 3 | 「削除」を選択します |

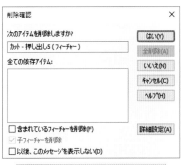

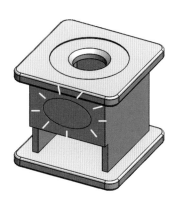

| 4 | 削除確認のダイアログボックスが
現れます |

| 5 | 「はい」をクリック |

| 6 | 押し出しカットのフィーチャーが
削除され、スケッチだけが残ります |

 スケッチも一緒に削除する場合
は、削除確認ダイアログボックス
で「含まれているフィーチャーを
削除」にチェックを入れます。

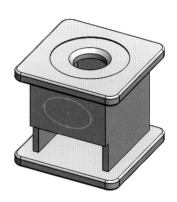

| 7 | ツリーから図に示すスケッチを選択
します |

Chapter 6

8	「押し出しボス/ベース」をクリック

方向1

ブラインド

3.00mm

☑結果のマージ(M)

9	以上のように設定します

10	OKをクリック

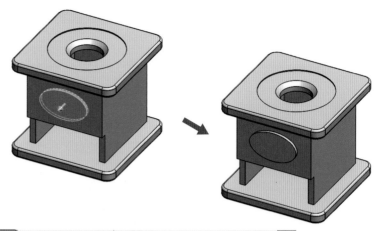

11	<メニューバー>の「挿入」をクリック

12	フィーチャー▶ 「ドーム」を選択します

13	図に示す面を選択します

挿入(I) ツール(T) ウィンドウ(W)

- ボス/ベース(B) ▶
- カット(C) ▶
- フィーチャー(R) ▶
- パターン/ミラー(E) ▶
- ファスナー フィーチャー(T) ▶
- FeatureWorks ▶
- サーフェス(S) ▶
- 面(F) ▶
- カーブ(U) ▶
- 参照ジオメトリ(G) ▶
- 板金(H) ▶
- 構造システム ▶
- 溶接(W) ▶
- モールド(L) ▶

- フィレット/ラウンド ...(F)
- 面取り...(C)
- 穴ウィザード ...(W)
- 詳細穴...(A)
- ねじ山...(H)
- スタッド ウィザード ...(T)
- 単一穴...(S)
- 抜き勾配...(D)
- シェル...(S)
- リブ ...(R)
- スケール...(A)
- ドーム...(O)
- 自由形状...(M)
- 変形...(E)
- インデント...(N)

ドーム ②

✓ ✕

パラメータ

面<1>

1.00mm

☐楕円形ドーム(E)

☑プレビュー表示(S)

14	以上のように設定します

15	OKをクリック

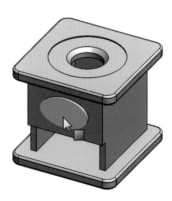

16	銘板ができました

17	コンテナが完成しました

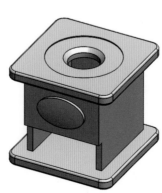

🔑 ドームの設定については
P191を参照ください。

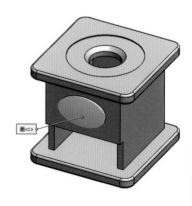

面<1>

18	保存をクリック

19	<コンテナ組立フォルダ>の中に 「コンテナ」という名前で保存します

3 長さの異なる面取り

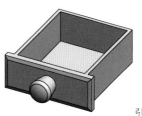

引き出し

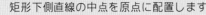
矩形下側直線の中点を原点に配置します

| 1 | 新しく部品ドキュメントを開きます |

 平面　

| 2 | ツリーの「平面」を選択してスケッチに入ります |

3

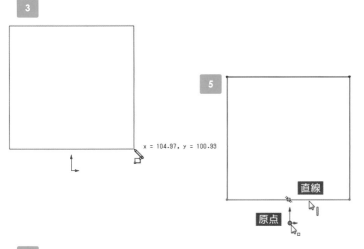

x = 104.97, y = 100.93

| 3 | 原点を外して図のような矩形を描きます |
| 4 | Escキーでコマンドを解除します |

5

直線

原点

| 5 | Ctrlキーを押しながら原点と図に示す直線を選択します |

 中点(M)

| 6 | 「中点」の拘束をつけます |

7

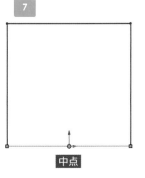

中点

| 7 | 直線の中点と原点が一致します |
| 8 | Escキーで選択解除します |

9

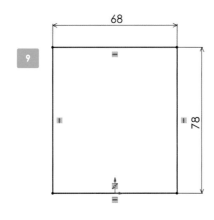

68

78

| 9 | 図に示す寸法を入力します |

| 10 | 「押し出しボス/ベース」をクリック |

方向1

| ↗ | ブラインド | ∨ |

D1　30.00mm

☐ 外側に抜き勾配指定(O)

| 11 | 以上のように設定します |
| 12 | OKをクリック |

68

78

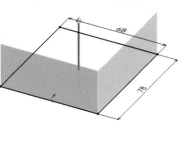

| 13 | 基礎となる形状ができました |

Chapter 6

1	「シェル」をクリック
2	図に示す面を選択します

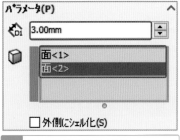

パラメータ(P)

3.00mm

面<1>
面<2>

□ 外側にシェル化(S)

3	以上のように設定します
4	OKをクリック
5	中身がくり抜かれました

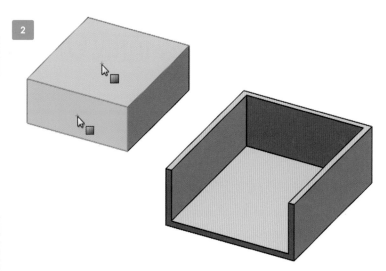

3　前板を追加する　　　　　　　　　　　　　押し出し：ブラインド

□ 正面

1	ツリーの「正面」を選択してスケッチに入ります
2	図のようなスケッチを描きます

3	Escキーでコマンドを解除します

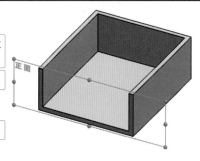

4	Ctrlキーを押しながら図に示す原点と直線を選択します

/ 中点(M)

5	「中点」の拘束をつけます
6	直線の中点と原点が一致しました

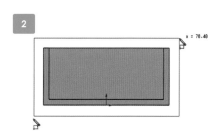

7	Escキーで選択解除します

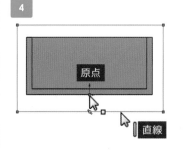

8	Ctrlキーを押しながら図に示すエッジと直線を選択します

/ 同一線上(L)

9	「同一線上」の拘束をつけます
10	直線がエッジの線上に一致しました

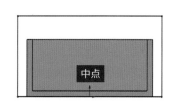

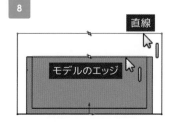

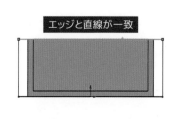

11	Escキーで選択解除します

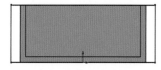

Chapter 6

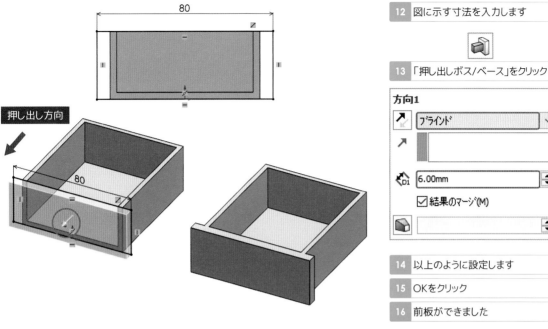

80

押し出し方向

| 12 | 図に示す寸法を入力します |

| 13 | 「押し出しボス/ベース」をクリック |

方向1

ブラインド

6.00mm

☑結果のマージ(M)

14	以上のように設定します
15	OKをクリック
16	前板ができました

4　長さの異なる面取りをする　　　　　　　　面取り：距離と距離

2

距離 1: 1mm
距離 2: 3mm

右側面　　　　　　　　　右側面拡大図

距離 1: 1mm
距離 2: 3mm

| 1 | 「フィレットフライアウトボタン」から「面取り」をクリック |
| 2 | 図に示す面を選択します |

面取りタイプ

面取りするアイテム

🗔 面<1>

☑正接の継続(G)

◉全体をプレビュー表示(W)
○一部をプレビュー表示(P)
○プレビューなし(W)

面取りパラメータ

非対称

1.00mm

3.00mm

3	以上のように設定します
4	OKをクリック
5	角を取ることができました

Chapter 6

1 ツリーの「右側面」を選択して
スケッチに入ります

2 「直線フライアウトボタン」から
「中心線」をクリック

3 エッジの中点から水平に線を描き
ます

4 「中心点円弧」をクリック

5 中心線の端点でクリック

6 図に示す位置でクリック

7 図に示す位置でクリック

8 円弧が描けました

9 「直線」コマンドをクリック

10 図のようなスケッチを描きます

11 「スマート寸法」をクリック

12 図の端点と中心線をクリック

13 直径寸法を入力します

14 続けて、図の端点をクリック

15 直径寸法を入力します

✔ 直径寸法入力状態から続けて長
さ寸法入力ができます。直径寸法
入力状態を解除するにはEscキー
で解除します。スマート寸法コマン
ドは継続します。

16 続けて図のような寸法を入力します

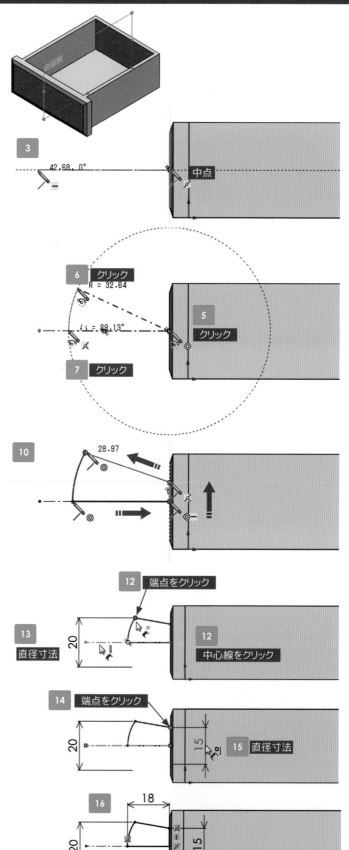

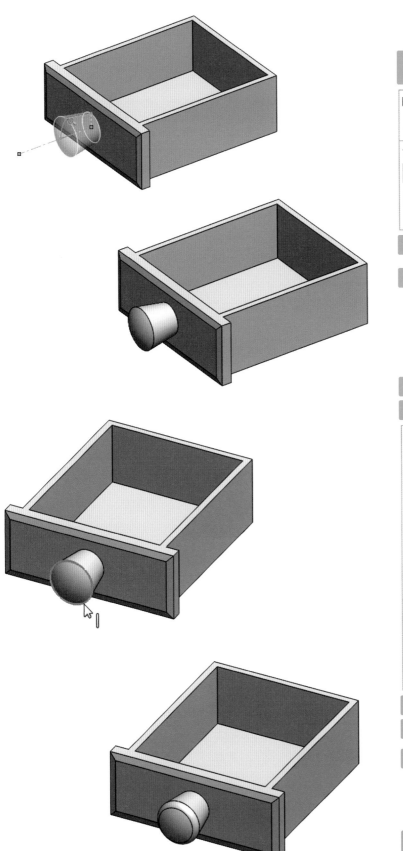

17	<フィーチャータブ> 「回転ボス/ベース」をクリック

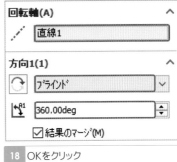

回転軸(A)　　　　　∧

✎ 直線1

方向1(1)　　　　　∧

🔄 ブラインド　　　　∨

📐 360.00deg　　　　⬍

☑ 結果のマージ(M)

18	OKをクリック

19	取っ手ができました

20	「フィレット」をクリック

21	図に示すエッジを選択します

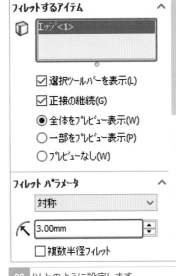

フィレットするアイテム　　　∧

📦 エッジ<1>

☑ 選択ツールバーを表示(L)

☑ 正接の継続(G)

◉ 全体をプレビュー表示(W)

○ 一部をプレビュー表示(P)

○ プレビューなし(W)

フィレット パラメータ　　　∧

対称　　　　　　　　∨

⌒ 3.00mm　　　　　⬍

☐ 複数半径フィレット

22	以上のように設定します

23	OKをクリック

24	引き出しが完成しました

25	<コンテナ組立フォルダ>の中に 「引き出し」という名前で保存します

4 距離合致

コンテナ組立

1　コンテナを配置する　　　　　　　　　　　ベース部品挿入

1 新しくアセンブリドキュメントを開きます

2 閉じるボタンをクリック

×

3 アセンブリの原点を表示します

✓ 原点を表示するには、<ヘッズアップビューツールバー>「アイテムを表示/非表示」の「原点表示」をオンにします。

4 参照をクリック

挿入する部品/アセンブリ(P)
ドキュメントを開く(D):

参照...(B)

5 ファイルの種類を「部品」にします

6 「コンテナ」を選択して開きます

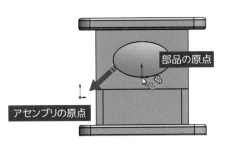

部品の原点

アセンブリの原点

7 ポインタをグラフィックス領域内に移動すると「コンテナ」が現れます

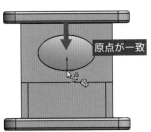

原点が一致

8 ポインタをアセンブリの原点に合わせてクリック

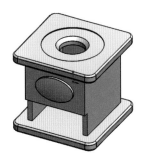

9 アセンブリ空間上に「コンテナ」が配置されました

✓ 🧊 表示を不等角投影にすると 次に挿入する部品が配置しやすくなります。

2 引き出しを挿入する 　　　部品の挿入

1 「構成部品の挿入」をクリック

引き出しを選択

2 「引き出し」を選択して開きます

クリック

3 グラフィックス領域内の図に示す位置でクリックし、「引き出し」を挿入します

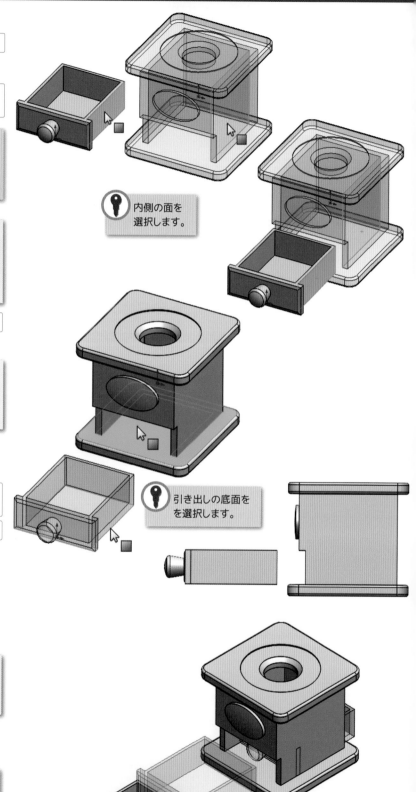

1 「合致」をクリック

    一致(C)

2 図に示す面と面に「一致」合致を
つけます

🔑 <アセンブリの操作>
マウスのホイールをドラッグする
と、アセンブリ空間全体の表示が
回転します。

✔ 合致コマンドのオプション「最初の
選択を透明化」により、1つ目に選
択した要素を半透明に切り替える
ことができます。

🔑 内側の面を
選択します。

3 OKをクリック

✔ 合致の整列状態：合致の方向は、合
致プロパティの
「合致の整列状
態」で反転することができます。

    一致(C)

4 図に示す面と面に「一致」合致を
つけます

5 OKをクリック

🔑 引き出しの底面を
を選択します。

✔ 引き出しをドラッグすると制限なく
移動するため、移動範囲を指定す
る合致をつけます。

🔑 <部品の操作>
ポインタを部品に合わせてマウス
左ボタンをドラッグで移動し、マウ
ス右ボタンをドラッグで回転しま
す。

6 図に示す面と面を選択します

合致タイプ(T)

- ⋏ 一致(C)
- 平行(R)
- ⊥ 垂直(P)
- 正接(T)
- ◎ 同心円(N)
- 🔒 ロック(O)
- ↦ 106.71064375mm
- ⊿ 0.00deg

合致の整列状態:

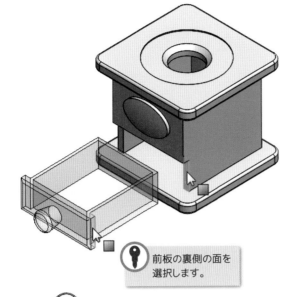

前板の裏側の面を選択します。

7 一致合致が選択されています

8 「詳細設定」をクリックして項目を表示します

クリック

合致タイプ(T)

- ⊕ 輪郭中心
- 対称(Y)
- 幅(I)
- パス合致(P)
- 直線/直線カプラー
- ↦ 85.00mm
- ☐ 寸法反転
- ⊿ 0.00deg
- ↕ 85.00mm
- 0.00mm

クリック

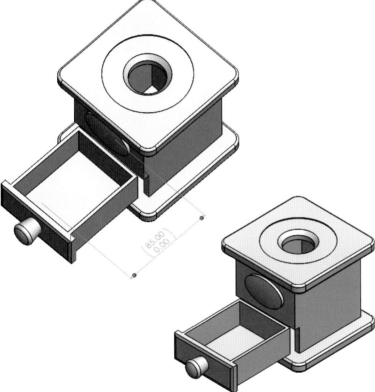

(85.00 / 0.00)

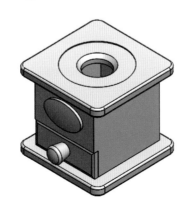

✓ 距離制限合致により、面間の距離が以下の設定値
　　　最大：85mm
　　　最小： 0mm
の範囲でのみ移動できるようになります。

✓ 再構築のメッセージが現れます。これは保存する前の再構築確認なので、「ドキュメントの再構築と保存」を選びます。

9 以上のように設定します

10 OKを2回クリック

11 引き出しが配置されました

12 引き出しをドラッグすると設定した範囲で移動が制限されます

13 <コンテナ組立フォルダ>の中に「コンテナ組立」という名前で保存します

Chapter 6

サブアセンブリ　その2

サブアセンブリ名
「ミル刃組立」

組立手順
1. ミル刃カバーを配置する
2. 下刃を配置する
3. ブラケットを配置する
4. 上刃を配置する

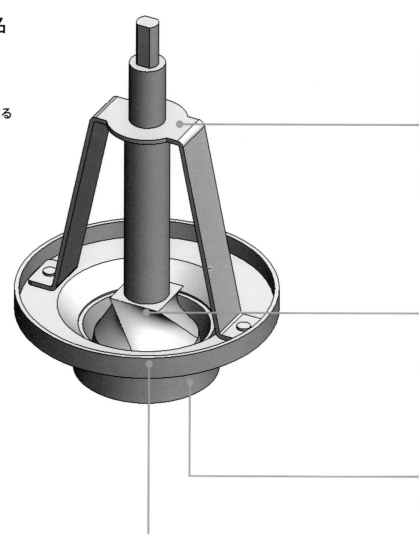

部品名
「ミル刃カバー」

作業手順
1. 基礎となる形状を作る
2. 余分な部分を削除する
3. 薄板化する
4. 突起を追加する

Chapter 6

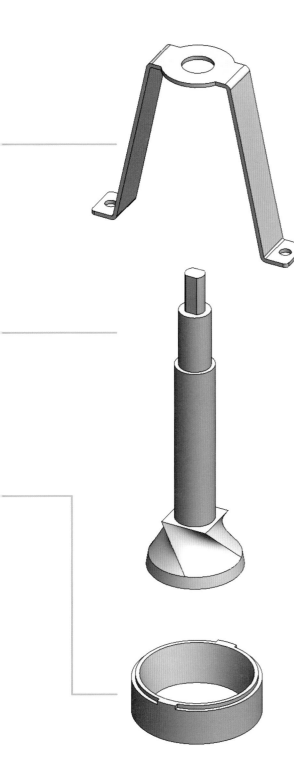

部品名
「ブラケット」

作業手順
1. 薄板を作成する
2. 板の厚みに押し出す
3. 軸通し穴をあける
4. 固定用の穴をあける

部品名
「上刃」

作業手順
1. 基本軸を作成する
2. 軸を細く加工する
3. 回り止めを加工する
4. 上刃を追加する
5. 新しく平面を作成する
6. 輪郭と輪郭をつないだ形状をつくる

部品名
「下刃」

作業手順
1. 基礎となる形状を作る
2. 段をつける
3. 回り止めを作る
4. 穴をあける
5. 面に勾配をつける

5 押し出しカットの応用

ミルクカバー

---

1 基礎となる形状を作る　　　　　押し出し：ブラインド

1 新しく部品ドキュメントを開きます

2 ツリーの「平面」を選択してスケッチに入ります

3 図のようなスケッチを描きます

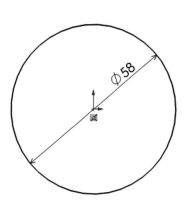

4 「押し出しボス/ベース」をクリック

方向1　　　　　　　　　　　　　∧
↗ ブラインド　　　　　　　　　　∨
↗ [　　　　　　　　　　]
D1 10.00mm　　　　　　　　▲▼
[　　　　　　　　　　　] ▲▼
□ 外側に抜き勾配指定(O)

5 以上のように設定します

6 OKをクリック

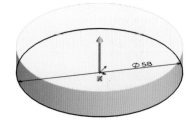

7 基礎となる形状ができました

---

2 余分な部分を削除する　　　押し出しカット：反対側をカット

 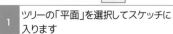

1 ツリーの「平面」を選択してスケッチに入ります

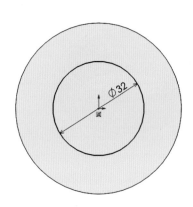

2 図のようなスケッチを描きます

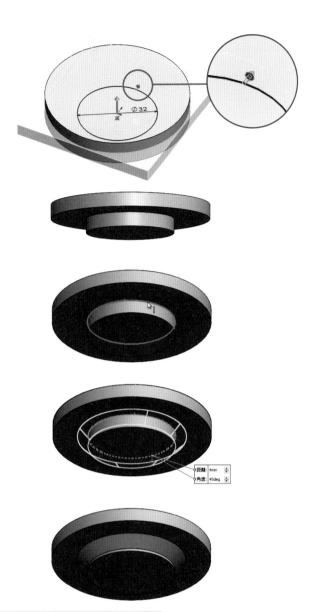

| 3 | 「押し出しカット」をクリック |

方向1 ∧

↗ ブラインド ∨

↗ [　　　　　　　　]

D1 [5.00mm]

☑ 反対側をカット(F)

| 4 | 以上のように設定します |
| 5 | OKをクリックするとモデルの余分な部分が削除されます |

| 6 | 「フィレットフライアウトボタン」から「面取り」をクリック |
| 7 | 図に示すエッジを選択します |

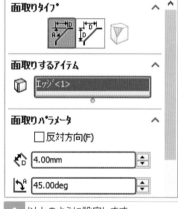

面取りタイプ ∧

面取りするアイテム ∧

🔲 エッジ <1>

面取りパラメータ ∧

☐ 反対方向(F)

⬦ [4.00mm]

⬦A [45.00deg]

8	以上のように設定します
9	OKをクリック
10	図のように肉付けされました

Chapter 6

スケッチ輪郭の外側を削除

通常の押し出しカット

スケッチ輪郭の外側を削除

「反対側をカット」にチェックを入れます。

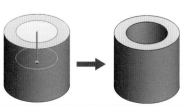

プレビューを表示させる

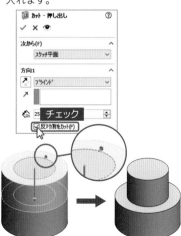

1	「シェル」をクリック
2	図に示す2つの面を選択します

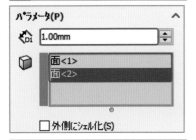

パラメータ(P)

ᐁ

1.00mm

面<1>
面<2>

□ 外側にシェル化(S)

3	以上のように設定します
4	OKをクリック
5	薄板化できました

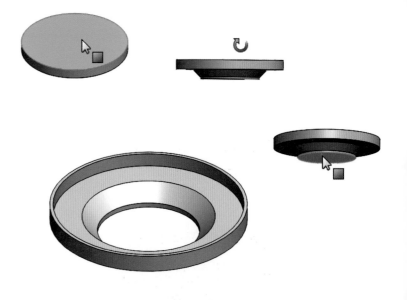

---

4 突起を追加する

1	図に示す面を選択して スケッチに入ります

2	表示方向「平面」をクリック

3	「直線フライアウトボタン」から 「中心線」をクリック
4	モデルから外れた位置に水平に 線を引きます

5	中心線の両端点に「円」を描きます
6	Escキーでコマンドを解除します

= 等しい値(Q)
7	2つの円に「等しい値」の拘束を つけます
8	Escキーで選択解除します

9	原点と中心線に「中点」の拘束を つけます

✔ 複数の要素を選択する場合は、 Ctrlキーを押しながら選択します。

10	図のような寸法を入力します

4   5   7

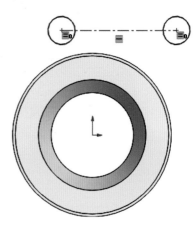

9   10

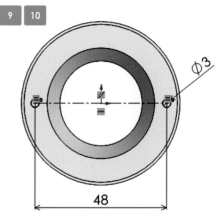

Ø3

48

Chapter 6

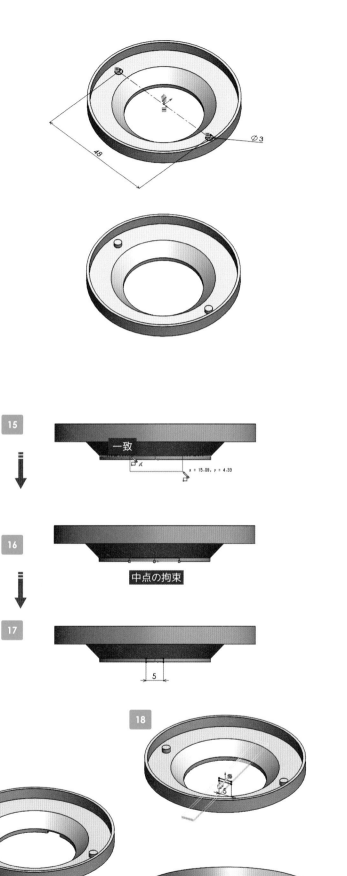

11	「押し出しボス/ベース」をクリック

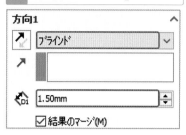

12	以上のように設定します

13	OKをクリックすると突起が追加されます

14	ツリーの「正面」を選択してスケッチに入ります

15	図のようなスケッチを描きます

16	原点と直線に「中点」の拘束をつけます

17	図のような寸法を入力します

18	「押し出しカット」をクリック

19	以上のように設定します

20	OKをクリック

21	ミル刃カバーが完成しました

22	<ミル刃組立>フォルダの中に「ミル刃カバー」という名前で保存します

Chapter 6

ブラケット

6 薄板を作成する

1　薄板を作成する　　　　　　　　　　　押し出し：薄板フィーチャー

1 新しく部品ドキュメントを開きます

 正面

2 ツリーの「正面」を選択してスケッチに入ります

3 図のようなスケッチを描きます

水平

原点

4 Escキーでコマンドを解除します

ドラッグ

5 図に示すように、スケッチのすべての要素をドラッグして囲みます

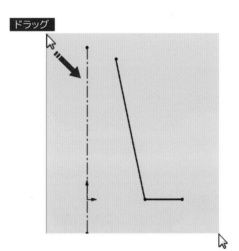

6 すべての要素が選択されました

エンティティのミラー

7 <スケッチタブ>「エンティティのミラー」をクリック

8 中心線の反対側にスケッチが対称複写されました

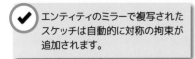

エンティティのミラーで複写されたスケッチは自動的に対称の拘束が追加されます。

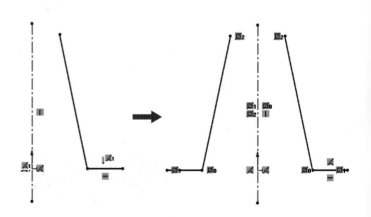

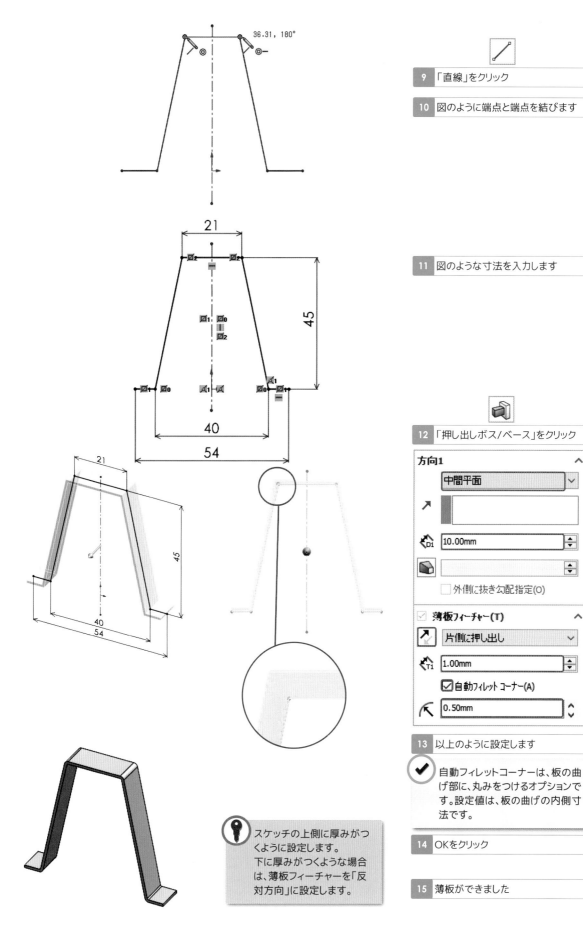

36.31, 180°

9 「直線」をクリック

10 図のように端点と端点を結びます

21

45

11 図のような寸法を入力します

40

54

12 「押し出しボス/ベース」をクリック

方向1

中間平面

↗

⬩D1 10.00mm

◻ 外側に抜き勾配指定(O)

☑ 薄板フィーチャー(T)

↗↙ 片側に押し出し

⬩T1 1.00mm

☑ 自動フィレット コーナー(A)

◸ 0.50mm

21

45

40

54

13 以上のように設定します

✔ 自動フィレットコーナーは、板の曲げ部に、丸みをつけるオプションです。設定値は、板の曲げの内側寸法です。

14 OKをクリック

15 薄板ができました

🔑 スケッチの上側に厚みがつくように設定します。
下に厚みがつくような場合は、薄板フィーチャーを「反対方向」に設定します。

Chapter 6

1　図に示す面を選択してスケッチに入ります

2　表示方向「平面」をクリック

3　図のようなスケッチを描きます

4　「押し出しボス/ベース」をクリック

方向1

↗　端サーフェス指定　⌄

↗

◆　面<1>

☑ 結果のマージ(M)

🔲　　　　　　　　　　　🔼🔽

□ 外側に抜き勾配指定(O)

5　端サーフェス指定に設定します

6　図に示す面を選択します

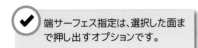

✔　端サーフェス指定は、選択した面まで押し出すオプションです。

7　OKをクリック

8　薄板の厚みに押し出すことができました

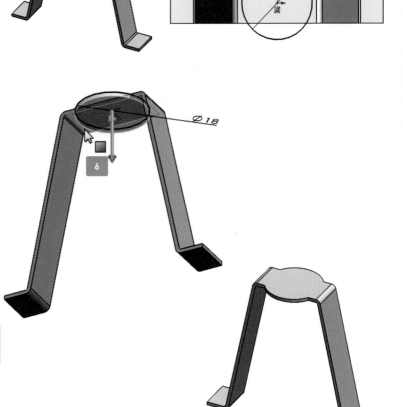

1　図に示す面を選択してスケッチに入ります

2　表示方向「平面」をクリック

3　図のようなスケッチを描きます

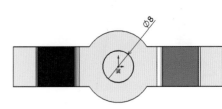

Chapter 6

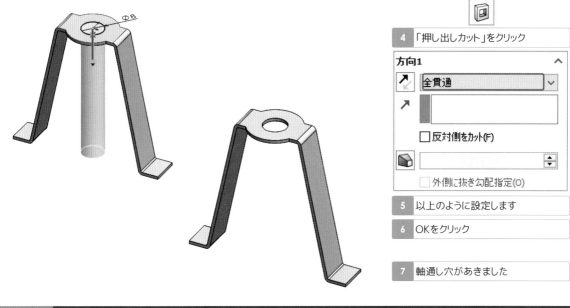

4	「押し出しカット」をクリック

方向1 ∧

🡕 全貫通 ∨

🡕 [　　　　　　　　　]

☐ 反対側をカット(F)

◧ [　　　　　　　　] ⬍

☐ 外側に抜き勾配指定(O)

5	以上のように設定します
6	OKをクリック
7	軸通し穴があきました

4　固定用の穴をあける

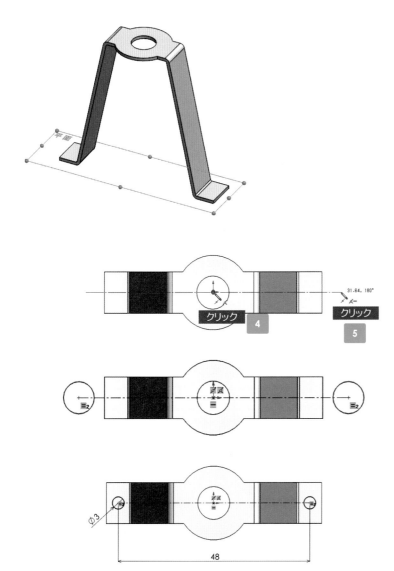

🗋 平面 ⎡

1	ツリーの「平面」を選択してスケッチに入ります

✎ ▾ ＜ 中点線

2	「直線フライアウトボタン」から「中点線」をクリック

オプション(O)
☑ 作図線(C)

3	作図線にチェックを入れる
4	原点をクリック
5	図に示す位置でクリック
6	原点に中点が一致する線が描けました
7	図のようなスケッチを描きます
8	図のような寸法を入力します

✔ 「中点線」コマンドは、最初にクリックした点を中点とする直線を描くコマンドです(ver.2015から)。

9	「押し出しカット」をクリック

方向1

全貫通

☐ 反対側をカット(F)

☐ 外側に抜き勾配指定(O)

10	以上のように設定します
11	OKをクリック
12	穴があきました

13	「フィレット」をクリック

14	図に示す4本のエッジを選択します

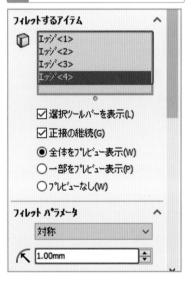

フィレットするアイテム

- エッジ<1>
- エッジ<2>
- エッジ<3>
- エッジ<4>

☑ 選択ツールバーを表示(L)

☑ 正接の継続(G)

◉ 全体をプレビュー表示(W)

◯ 一部をプレビュー表示(P)

◯ プレビューなし(W)

フィレット パラメータ

対称

1.00mm

15	以上のように設定します
16	OKをクリック

17	角に丸みがつきました

18	ブラケットが完成しました

19	<ミル刃組立>フォルダの中に「ブラケット」という名前で保存します

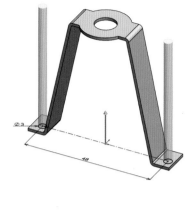

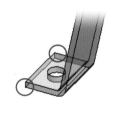
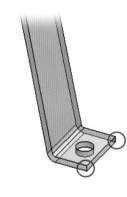

Chapter 6

7 平面を作成する

上刃

1 基本軸を作成する

押し出し：ブラインド

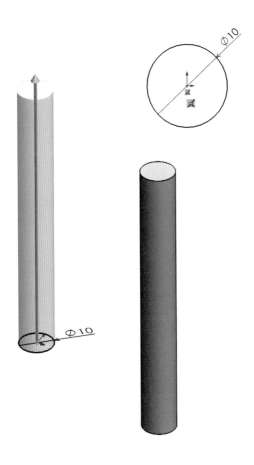

Ø10

Ø10

| 1 | 新しく部品ドキュメントを開きます |

| 2 | ツリーの「平面」を選択して
スケッチに入ります |

| 3 | 図のようなスケッチを描きます |

| 4 | 「押し出しボス/ベース」をクリック |

方向1
ブラインド

80.00mm

| 5 | 以上のように設定します |

| 6 | OKをクリック |

| 7 | 基本軸ができました |

Chapter 6

2 軸を細く加工する

押し出しカット：反対側をカット

| 1 | 図に示す面を選択してスケッチに
入ります |

| 2 | 表示方向「平面」をクリック |

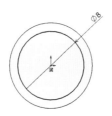

Ø8

| 3 | 図のようなスケッチを描きます |

| 4 | 「押し出しカット」をクリック |

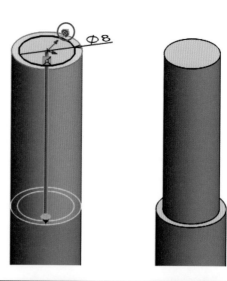

方向1

↗ ブラインド

↗

🔩 25.00mm

☑ 反対側をカット(F)

5	以上のように設定します
6	OKをクリック
7	軸の一部が細くなりました

3　回り止めを加工する　　　　　スケッチ：エンティティのトリム

| 1 | 図に示す面を選択して
スケッチに入ります |

2	表示方向「平面」をクリック
3	図のようなスケッチを描きます
4	Ctrlキーを押しながら図に示す 2本の直線を選択します

| = 等しい値(Q) |

5	「等しい値」の拘束をつけます
6	選択した2本の直線の長さが 等しくなります
7	Escキーで選択解除します
8	図に示す寸法を入力します

エンティティ
の
トリム(T)

| 9 | <スケッチタブ>
「エンティティのトリム」をクリック |

オプション(O)

○┼ 一番近い交点までトリム(T)

| 10 | オプションの
「一番近い交点までトリム」をクリック |

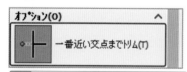

| 11 | 図に示す部分を切り取ります |

✔ ハイライトした部分はクリックする
と削除されます。

| 12 | Escキーでトリムを解除します |

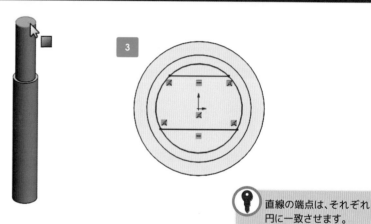

3

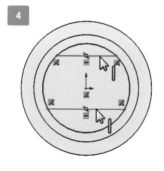

4

6

🔑 直線の端点は、それぞれ
円に一致させます。

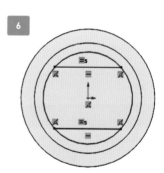

8

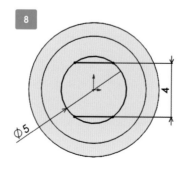

11

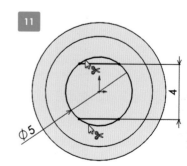

Chapter 6

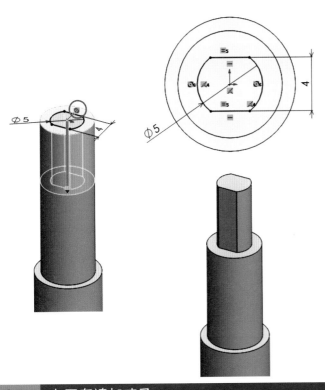

13 「押し出しカット」をクリック

↗ ブラインド ∨

↗ [　　　　　　]

⟨↕⟩ D1 10.00mm ⬍

☑ 反対側をカット(F)

14 以上のように設定します

15 OKをクリック

16 回り止めの加工ができました

| 4 | 上刃を追加する | 押し出し：抜き勾配オン／オフ |

Ø24

1 ツリーの「平面」を選択してスケッチに入ります

2 図のようなスケッチを描きます

3 「押し出しボス/ベース」をクリック

4 抜き勾配オン/オフをクリック

方向1 ∧

↗ ブラインド ∨

↗ [　　　　　　]

⟨↕⟩ D1 3.00mm ⬍

☑ 結果のマージ(M)

🔲 10.00deg ⬍

☐ 外側に抜き勾配指定(O)

5 抜き勾配角度「10」と入力します

6 以上のように設定します

7 OKをクリック

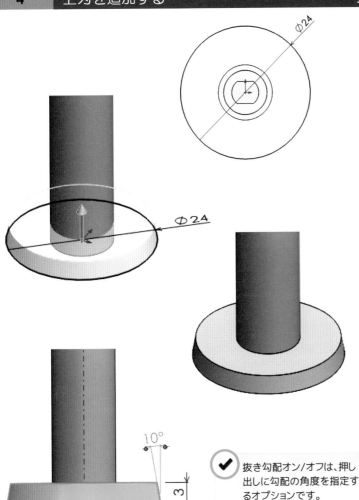

10°

3

✔ 抜き勾配オン/オフは、押し出しに勾配の角度を指定するオプションです。

8 上刃が追加できました

基本3面やモデルの面以外の場所にスケッチを描く必要がある場合には、
適切な位置に新しく平面を作成します。

1 ツリーの「平面」を選択します

2 <フィーチャータブ>
「参照ジオメトリ」をクリック

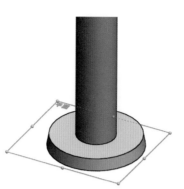

3 「平面」をクリック

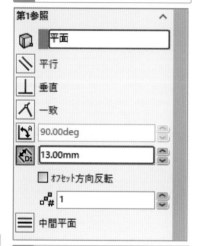

4 距離に「13」と入力します

5 OKをクリック

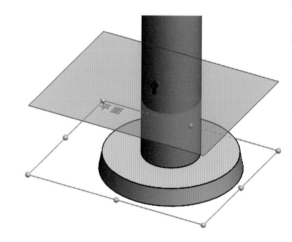

6 新しく平面を作成することが
できました

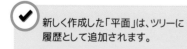
新しく作成した「平面」は、ツリーに
履歴として追加されます。

平面の作成パターン

Chapter 6

3つの点を選択

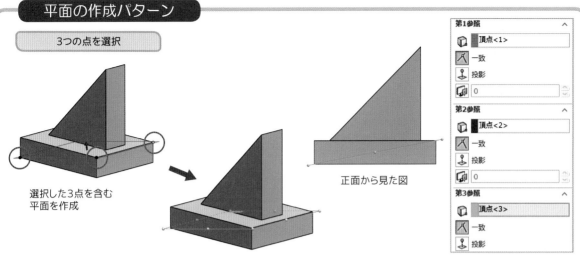

選択した3点を含む
平面を作成

正面から見た図

第1参照	^
頂点<1>	
一致	
投影	
0	
第2参照	^
頂点<2>	
一致	
投影	
0	
第3参照	^
頂点<3>	
一致	
投影	

面と点を選択

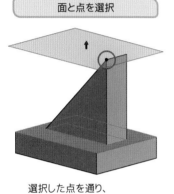
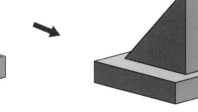
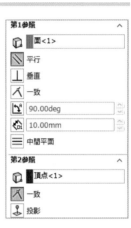

選択した点を通り、
選択面に平行な平面を作成

第1参照	^
面<1>	
平行	
垂直	
一致	
90.00deg	
10.00mm	
中間平面	
第2参照	^
頂点<1>	
一致	
投影	

面と距離を指定

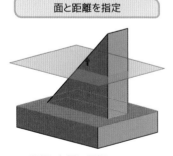
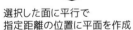
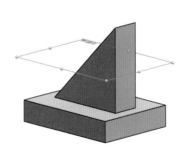

選択した面に平行で
指定距離の位置に平面を作成

第1参照	^
面<1>	
平行	
垂直	
一致	
90.00deg	
30.00mm	
□ オフセット方向反転	
# 1	
中間平面	

スケッチと点を選択

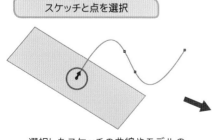
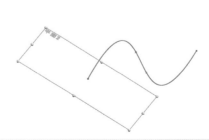

選択したスケッチの曲線やモデルの
エッジが選択点で垂直に貫通する平
面を作成

第1参照	^
スプライン1@スケッチ1	
垂直	
□ 原点をカーブ上に設定	
一致	
第2参照	^
点1@スケッチ1	
一致	
投影	

ロフトは輪郭と輪郭をつないだ形状を作成するフィーチャーです

| 1 | 新しく作成した「平面1」を選択して
スケッチに入ります |

| 2 | 表示方向「平面」をクリック |

3	図のようなスケッチを描きます
4	スケッチを終了します
5	Escキーで選択解除します

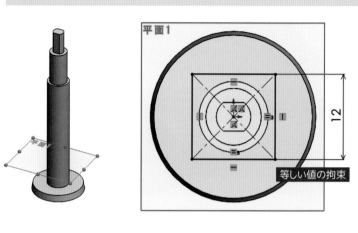

平面1

12

等しい値の拘束

| 6 | 「等角投影」をクリック |

ロフト

| 7 | <フィーチャータブ>
「ロフト」をクリック |

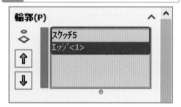

輪郭(P)

スケッチ5
エッジ<1>

| 8 | 図に示すようにスケッチした
正方形とモデルのエッジを
順番に選択します |
| 9 | 形状がプレビューされます |

| 10 | 図のようにハンドルをドラッグして
任意の位置まで移動するとねじれた
形状になります |

✔ ここでは適当な位置で構いません。

| 11 | OKをクリック |

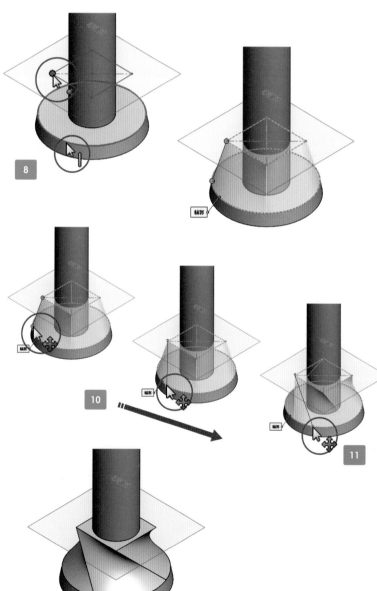

Chapter 6

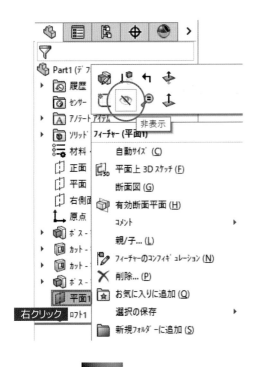

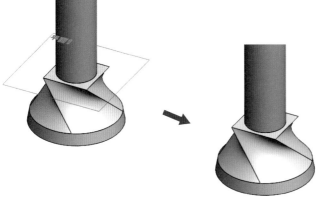

| | 12 | ツリーの「平面1」を右クリックします |

| | 13 | <コンテキストツールバー>
「非表示」をクリック |

| | 14 | 作成した「平面1」が非表示に
なりました |

| | 15 | 上刃が完成しました |

| | 16 | <ミル刃組立>フォルダの中に
「上刃」という名前で保存します |

8 面に勾配をつける

下刃

1　基礎となる形状を作る　　　　　　　　　　　押し出し：ブラインド

1 新しく部品ドキュメントを開きます

2 ツリーの「平面」を選択してスケッチに
入ります

3 図のようなスケッチを描きます

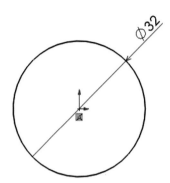

$\phi 32$

4 「押し出しボス/ベース」をクリック

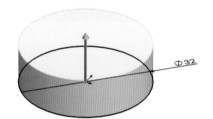

$\phi 32$

5 以上のように設定します

6 OKをクリック

7 基礎となる形状ができました

2　段をつける　　　　押し出しカット：ブラインド・反対側をカット

1 図に示す面を選択してスケッチに
入ります

2 表示方向「平面」をクリック

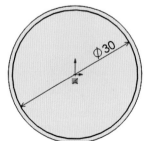

$\phi 30$

3 図のようなスケッチを描きます

4	「押し出しカット」をクリック

方向1

↗	ブラインド	∨
↗		
⟋Di	1.00mm	⊟
	☑反対側をカット(F)	

5	以上のように設定します
6	OKをクリック
7	余分な部分が削除されました

1	図に示す面を選択してスケッチに入ります

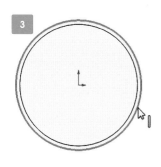

2	表示方向「選択アイテムに垂直」をクリック
3	図に示すモデルのエッジを選択します

エンティティ変換

4	「エンティティ変換」をクリック
5	図のようなスケッチを描きます

🔑 「エンティティ変換」についての説明はP189を参照ください。

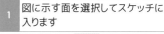

6	Ctrlキーを押しながら図に示す2本の直線を選択します

= 等しい値(Q)

7	「等しい値」の拘束をつけます
8	選択した2本の直線の長さが等しくなります
9	Escキーで選択解除します

10	図に示す寸法を入力します

✂

11	エンティティのトリムをクリック

✔ オプションの「一番近い交点までトリム」を使うと便利です。

12	図に示す部分を切り取ります
13	Escキーでトリムを解除します

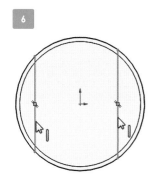

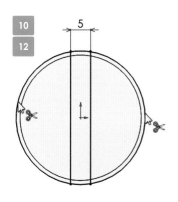

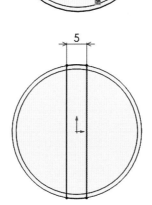

| 14 | 「押し出しボス/ベース」をクリック |

方向1

| ↗ | 端サーフェス指定 | ∨ |

| ↗ | | |

| ◆ | 面<1> |

☑ 結果のマージ(M)

| 🔲 | | ⬍ |

☐ 外側に抜き勾配指定(O)

| 15 | 以上のように設定します |

| 16 | OKをクリック |

| 17 | 形状が追加されました |

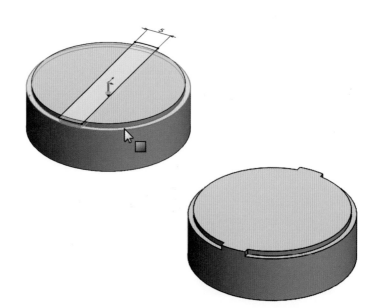

| **4** | **穴をあける** | 押し出しカット：全貫通 |

| 1 | 図に示す面を選択してスケッチに入ります |

| 2 | 表示方向「選択アイテムに垂直」をクリック |

| 3 | 図のようなスケッチを描きます |

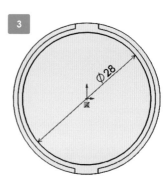

`3`

φ28

| 4 | 「押し出しカット」をクリック |

方向1

| ↗ | 全貫通 | ∨ |

| ↗ | | |

☐ 反対側をカット(F)

| 🔲 | | ⬍ |

☐ 外側に抜き勾配指定(O)

| 5 | 以上のように設定します |

| 6 | OKをクリック |

| 7 | 穴があきました |

φ28

1 <フィーチャータブ>
「抜き勾配」をクリック

2 「マニュアル」をクリック

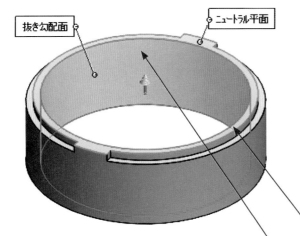

抜き勾配面

ニュートラル平面

✔ ニュートラル平面(基準となる平面)と
勾配指定面(傾斜をつけたい面)を選択します。

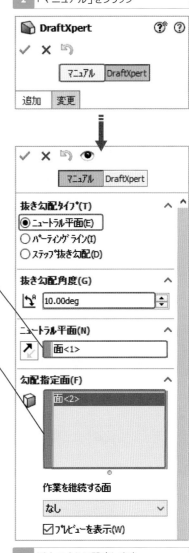

DraftXpert ⓘ* ⓘ

✓ ✗ ↺

マニュアル DraftXpert

追加 変更

✓ ✗ ↺ ●

マニュアル DraftXpert

抜き勾配タイプ(T) ∧

⦿ ニュートラル平面(E)
○ パーティングライン(I)
○ ステップ抜き勾配(D)

抜き勾配角度(G) ∧

↖ᴬ 10.00deg ⊟

ニュートラル平面(N) ∧

↗ 面<1>

勾配指定面(F) ∧

面<2>

作業を継続する面

なし ⌄

☑ プレビューを表示(W)

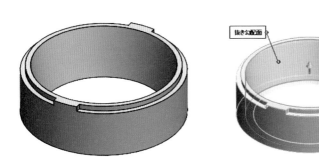

抜き勾配面 ニュートラル平面

3 以上のように設定します

4 OKをクリック

5 面に勾配がつきました

✔ 断面表示に切り替えて、面に勾配
がついていることを確認します。
(断面表示P47参照)

6 下刃が完成しました

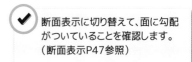

7 <ミル刃組立>フォルダの中に
「下刃」という名前で保存します

Chapter 6

9 合致の復習

ミル刃組立

1 新規にアセンブリドキュメントを開きます

2 「ミル刃カバー」を選択して開きます

ミル刃カバーを選択

3 ポインタをグラフィックス領域内に移動すると、「ミル刃カバー」が現れます

4 OKをクリック

5 アセンブリ空間上にミル刃カバーが配置されました

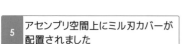
OKボタンを押すと、「部品の原点」と「アセンブリの原点」が一致するように自動的に配置されます。

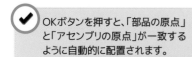
原点の表示は＜ヘッズアップビューツールバー＞、「アイテムを表示／非表示」から、「原点表示」で、必要に応じて切り替えられます。

Chapter 6

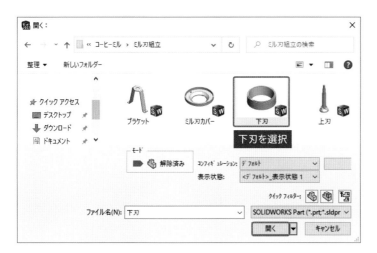

1 「構成部品の挿入」をクリック

2 「下刃」を選択して開きます

3 グラフィックス領域内に「下刃」を挿入します

4 「合致」をクリック

5 図に示す面と面に「同心円」合致をつけます

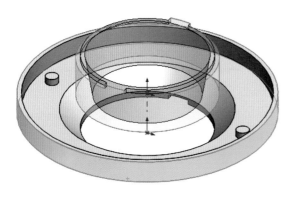

6 OKをクリック

Chapter 6

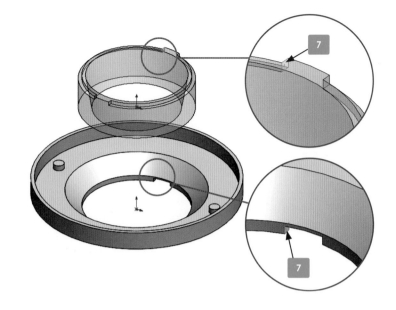

| 7 | 図の面と面を選択して
「一致」合致をつけます |

| 8 | OKをクリック |

| 9 | 図の面と面を選択して
「一致」合致をつけます |

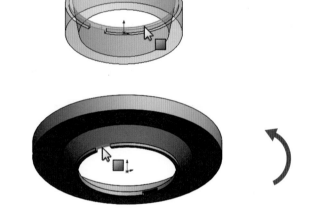

| 10 | OKを2回クリック |

| 11 | 下刃が配置されました |

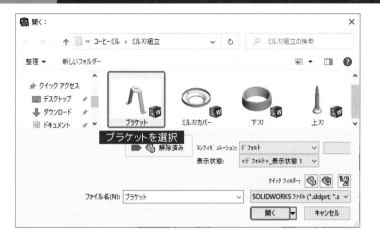

| 1 | 「構成部品の挿入」をクリック |

| 2 | 「ブラケット」を選択して開きます |

| 3 | グラフィックス領域内に「ブラケット」を挿入します |

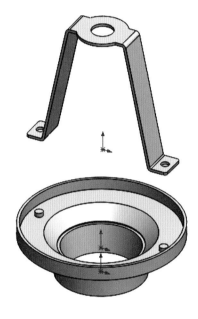

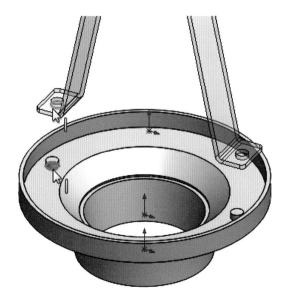

| 4 | 「合致」をクリック |

| 5 | 図に示すエッジとエッジに「一致」合致をつけます |

| 6 | OKをクリック |

Chapter 6

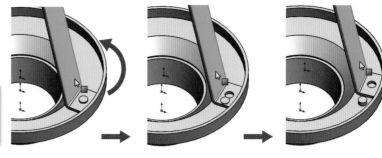

7	ブラケットをドラッグして横へ ずらします

✔ ミル刃カバーにある突起下のエッジ が選択できるように、ブラケットを 移動します。

8	図に示す面と面に「同心円」合致を つけます
9	OKを2回クリック

10	ブラケットが配置されました

4 上刃を配置する

1	「構成部品の挿入」をクリック

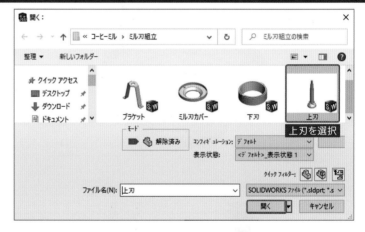

2	「上刃」を選択して開きます

3	グラフィックス領域内に「上刃」を 挿入します

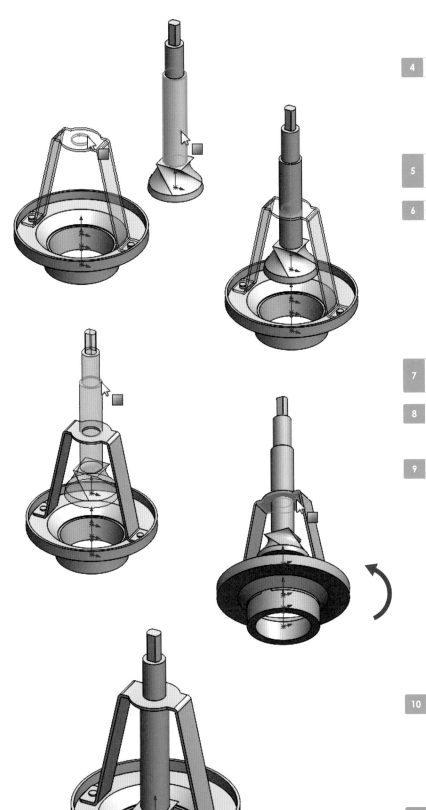

4	「合致」をクリック

5	図に示す面と面に「同心円」合致を つけます

6	OKをクリック

7	図に示す面と面に「一致」合致を つけます

8	OKを2回クリック

9	上刃が配置されました

10	「等角投影」をクリック

11	＜ミル刃組立＞フォルダの中に 「ミル刃組立」という名前で保存 します

サブアセンブリ　その３

サブアセンブリ名
「ハンドル組立」

組立手順
1. レバーを配置する
2. グリップを配置する
3. ピンを配置する
4. 分解図を作成する
5. 分解ラインスケッチを作成する
6. 分解図を解除する

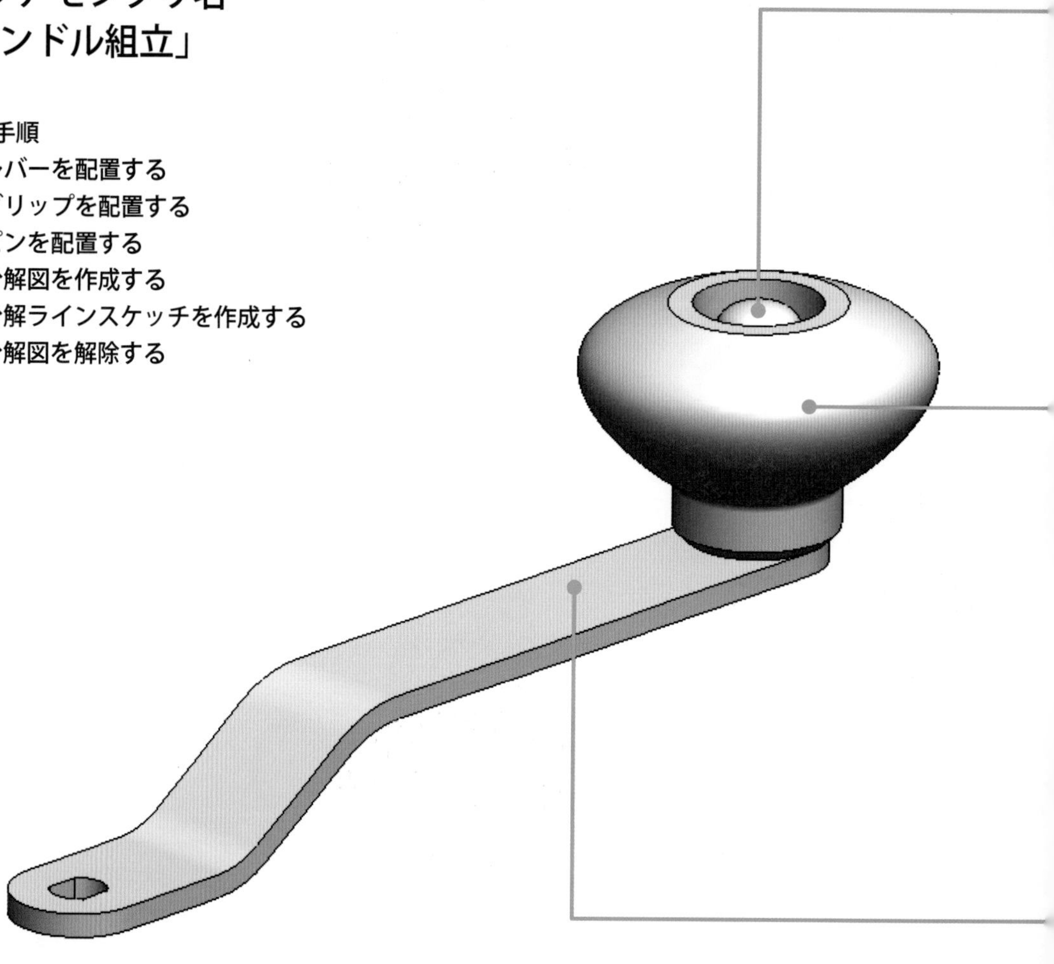

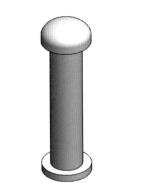

部品名
「ピン」

作業手順
1. 基本軸を作る
2. 座を作る
3. 頭を作る
4. 丸みをつける

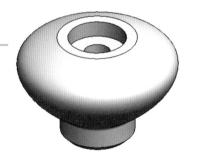

部品名
「グリップ」

作業手順
1. 基礎となる形状を作る
2. 輪郭と輪郭をつないだ形状を作る
3. 通し穴をあける
4. 角を丸める
5. 角をとる

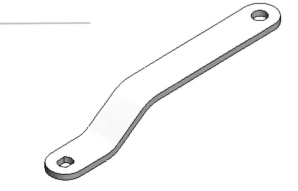

部品名
「レバー」

作業手順
1. スケッチの軌跡で形状を作る
2. 回り止めの穴をあける
3. 通し穴をあける
4. 角を丸める

ピン

Chapter 6 ▶ 応用演習

10 ボタン形状を作る

1 基本軸を作る　　　　　　　　　　　　　　　　　　押し出し：ブラインド

1 新しく部品ドキュメントを開きます

2 ツリーの「平面」を選択して
スケッチに入ります

3 図のようなスケッチを描きます

4 「押し出しボス/ベース」をクリック

方向1
- ブラインド
- D1 | 20.00mm

5 以上のように設定します

6 OKをクリック

7 基本軸ができました

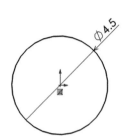

Φ4.5

2 座を作る　　　　　　　　　　　　　　　　　　　　押し出し：ブラインド

1 ツリーの「平面」を選択して
スケッチに入ります

2 図のようなスケッチを描きます

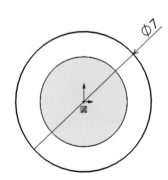

Φ7

Chapter 6

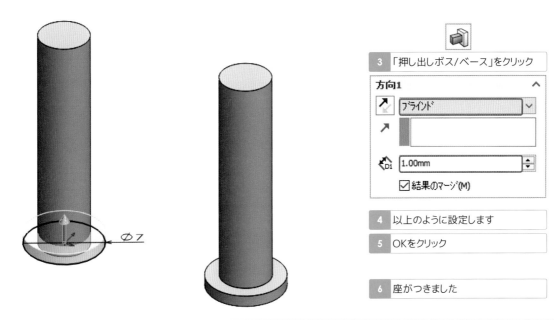

3	「押し出しボス/ベース」をクリック

方向1 ⌃

↗ ブラインド ∨

↗ [　　　　　　　　　]

⟲$_{D1}$ 1.00mm ⬍

☑ 結果のマージ(M)

4	以上のように設定します
5	OKをクリック

6	座がつきました

3	**頭を作る**	**エンティティ変換**

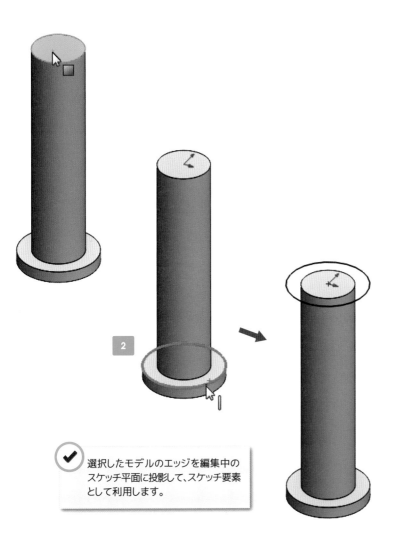

1	図に示す面を選択してスケッチに入ります

2	図に示すエッジを選択します

3	<スケッチタブ>「エンティティ変換」をクリック

4	モデルの外側のエッジが投影されました

✔ 選択したモデルのエッジを編集中のスケッチ平面に投影して、スケッチ要素として利用します。

⌀7

5 「押し出しボス/ベース」をクリック

| ↗ | ブラインド | ∨ |

↗

🔾 Di 1.00mm ⏶⏷

☑結果のマージ(M)

6 以上のように設定します

7 OKをクリック

8 頭がつきました

4 　　丸みをつける 　　　　　　　　　　　　　　　　　　　　　　　　　　　　　　　　　　　　　　　ドーム

1 図に示す面を選択します

2 <メニューバー>の「挿入」から
「フィーチャー」▶
「ドーム」をクリック

🔾 ドーム ⑦

✓ ✕

パラメータ ∧

🔲 面<1>

⊙

↗ 2.00mm ⏶⏷

📧

↗

☑楕円形ドーム(E)

☑プレビュー表示(S)

3 以上のように設定します

4 OKをクリック

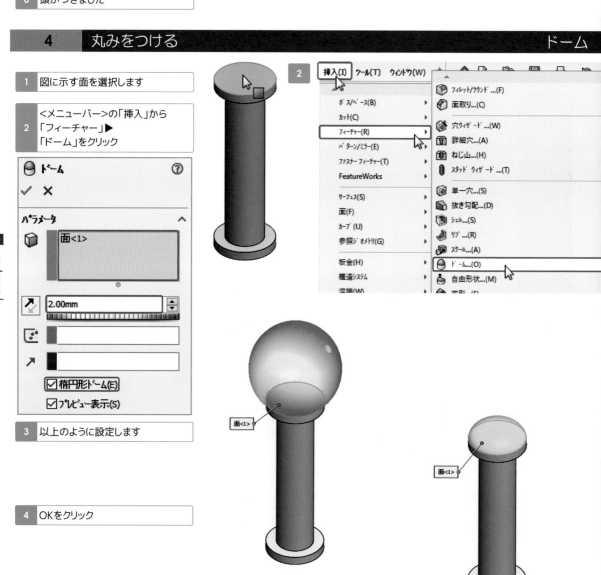

5 丸みをつけることができました

6 ピンが完成しました

7 <ハンドル組立>フォルダの中に「ピン」という名前で保存します

ドームの設定

円形の面の場合

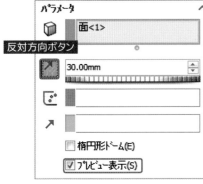

反対方向ボタン

楕円形ドーム
チェックなし

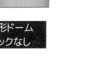

楕円形ドーム
チェックあり

→

断面図

反対方向ボタンをオン

多角形の面の場合

連続ドーム
チェックなし

連続ドーム
チェックあり

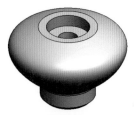

グリップ

Chapter 6 応用演習

11 輪郭と輪郭をつないだ 形状を作る

1	基礎となる形状を作る	押し出し：ブラインド

1 新しく部品ドキュメントを開きます

2 ツリーの「平面」を選択してスケッチに 入ります

3 図のようなスケッチを描きます

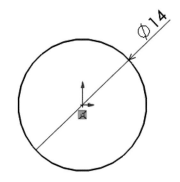

$\phi 14$

4 「押し出しボス/ベース」をクリック

方向1	^
↗↙ ブラインド	∨
↗	
⟳ D1 5.00mm	⬍
▣	⬍
☐ 外側に抜き勾配指定(O)	

5 以上のように設定します

6 OKをクリック

$\phi 14$

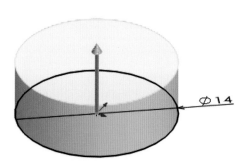

7 基礎となる形状ができました

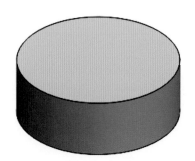

Chapter 6

ロフトで形状を作るには、モデルのエッジやスケッチなど複数の輪郭を選択することが必要です。

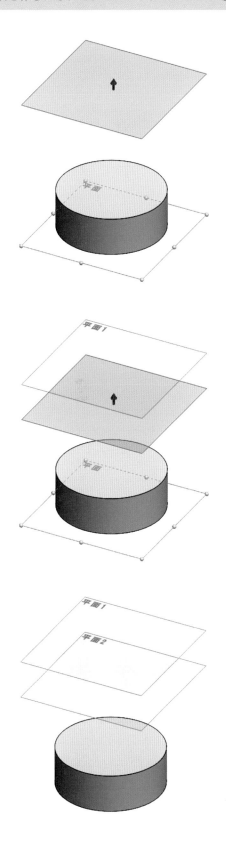

1	ツリーの「平面」を選択します

2	<フィーチャータブ> 「参照ジオメトリ」から 「平面」をクリック

第1参照	∧
平面	
平行	
垂直	
一致	
90.00deg	
20.00mm	

3	以上のように設定します
4	OKをクリック
5	新しい平面「平面1」ができました

6	ツリーの「平面」を選択します

7	「参照ジオメトリ」から 「平面」をクリック

第1参照	∧
平面	
平行	
垂直	
一致	
90.00deg	
15.00mm	

8	以上のように設定します
9	OKをクリック
10	新しい平面「平面2」ができました

Chapter 6

11	「平面1」を選択してスケッチに入ります

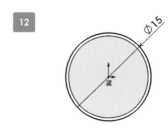

12	図のようなスケッチを描きます

13	スケッチを終了します

14	「平面2」を選択してスケッチに入ります

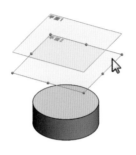

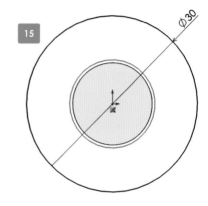

15	図のようなスケッチを描きます

16	スケッチを終了します

17	「平面1」と「平面2」を非表示にします

18	「ロフト」をクリック

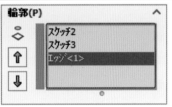

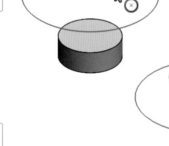

19	図に示す2つのスケッチとモデルのエッジを順に選択します

20	プレビューが表示されます

✔ つなぐ順に選択します。

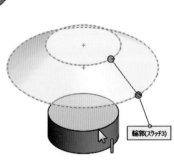

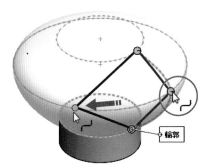

21 図に示すようにハンドルを
ドラッグして移動します

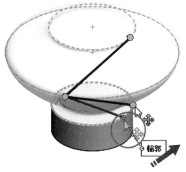

22 図に示すようにハンドルを
ドラッグして移動します

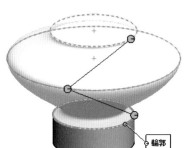

23 形状がねじれます

✔ ロフトフィーチャーは緑のハンドル
の位置をつないで形成されます。
ハンドルがねじれの位置にある
と、できあがる形状にもねじれが
生じます。

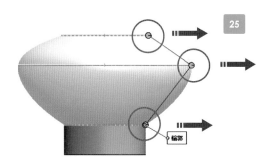

25

24 表示方向「正面」をクリック

25 すべてのハンドルを右端に
移動すると

26 形状のねじれがなくなります

27 OKをクリック

28 輪郭と輪郭をつないだ形状が
できました

✔ ロフトでは、ガイドカーブを設定し
てねじれや膨らみをコントロール
することもできます。

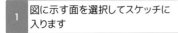

| 1 | 図に示す面を選択してスケッチに入ります |

| 2 | 表示方向「平面」をクリック |

| 3 | 図のようなスケッチを描きます |

| 4 | 「押し出しカット」をクリック |

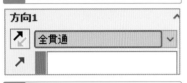

方向1

全貫通

| 5 | 以上のように設定します |

| 6 | OKをクリック |

| 7 | 通し穴が開きました |

| 8 | 図に示す面を選択してスケッチに入ります |

| 9 | 表示方向「平面」をクリック |

| 10 | 図のようなスケッチを描きます |

| 11 | 「押し出しカット」をクリック |

方向1

ブラインド

3.00mm

☐ 反対側をカット(F)

| 12 | 以上のように設定します |

| 13 | OKをクリック |

| 14 | 座ぐりがつきました |

Φ5

Φ5

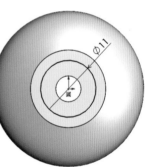

Φ11

Φ11

Chapter 6

1	「フィレット」をクリック
2	図に示すエッジを選択します

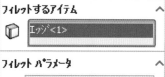

フィレットするアイテム

⬡ エッジ＜1＞

フィレット パラメータ

対称 ⌄

⌒ 1.00mm

3	以上のように設定します
4	OKをクリック
5	角に丸みがつきました

1	「面取り」をクリック
2	図に示すエッジを選択します

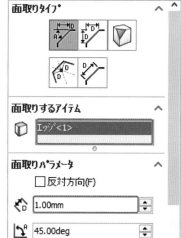

面取りタイプ

面取りするアイテム

⬡ エッジ＜1＞

面取りパラメータ

☐ 反対方向(F)

1.00mm

45.00deg

3	以上のように設定します
4	OKをクリック
5	面取りができました
6	グリップが完成しました

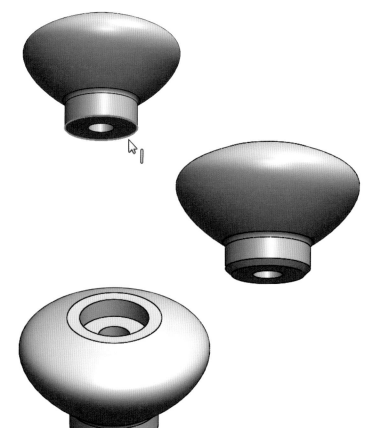

7	＜ハンドル組立＞フォルダの中に「グリップ」という名前で保存します

Chapter 6

輪郭と輪郭をつないだ形状を作る　197

12 スケッチの軌跡で形状を作る

レバー

| 1 | スケッチの軌跡で形状を作る | スイープ |

スイープで形状を作るには、「パス（軌道）」と「輪郭」が必要です。
スイープは輪郭がパスに沿って通過したときに描かれる軌跡が形状になります。

| 1 | 新しく部品ドキュメントを開きます |

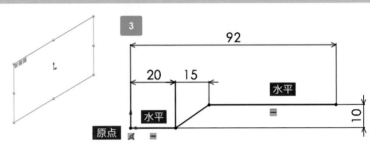

3

| 2 | ツリーの「右側面」を選択してスケッチに入ります |

| 3 | 図のようなスケッチを描きます |

| 4 | <スケッチタブ>「スケッチフィレット」をクリック |

| 5 | 図に示す点をクリック |

5

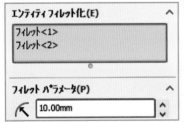

エンティティ フィレット化(E) ∧

| フィレット<1>
| フィレット<2> |

フィレット パラメータ(P) ∧

⌒ 10.00mm ⌄

| 6 | 以上のように設定します |

| 7 | OKをクリック |

| 8 | スケッチを終了します |

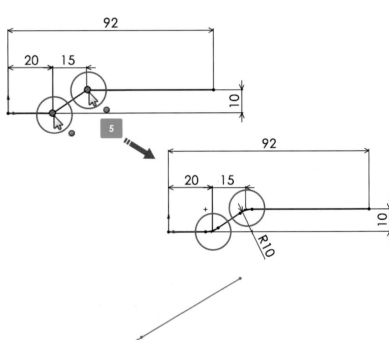

| 9 | ツリーの「正面」を選択してスケッチに入ります |

| 10 | 図のようなスケッチを描きます |

🔑 スケッチの描き方はP149を参照ください。

| 11 | スケッチを終了します |

| 12 | Escキーで選択を解除します |

10

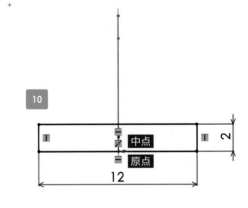

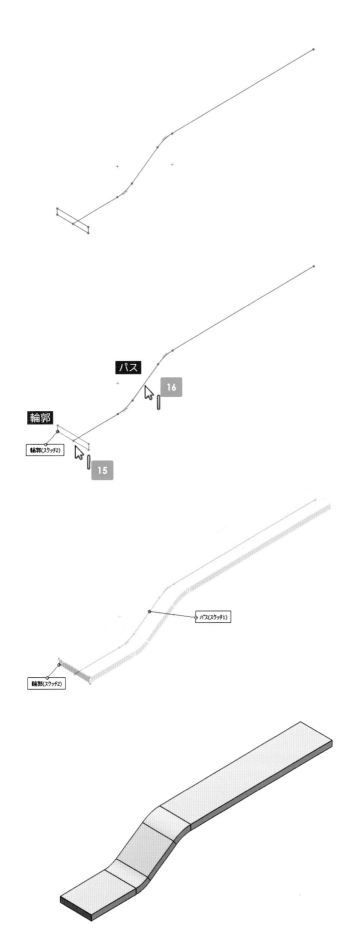

13	「等角投影」をクリック

14	<フィーチャータブ> 「スイープ」をクリック

15	図に示すスケッチを「輪郭」に 選択します

16	図に示すスケッチを「パス」に 選択します

17	形状がプレビューされます

18	OKをクリック

19	スケッチの軌跡で形状ができました

✔ スイープの「輪郭」と「パス」を作る際には、必ず「パス」を先に準備する必要があります。軌道である「パス」が基準になるからです。

Chapter 6

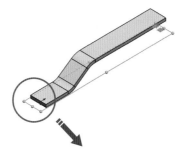

| 1 | ツリーの「平面」を選択してスケッチに入ります |

| 2 | 図のようなスケッチを描きます |

 スケッチの描き方は
P170を参照ください。

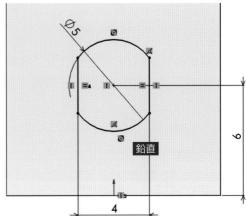

| 3 | 「押し出しカット」をクリック |

方向1

全貫通

□ 反対側をカット(F)

□ 外側に抜き勾配指定(O)

| 4 | 以上のように設定します |

| 5 | OKをクリック |

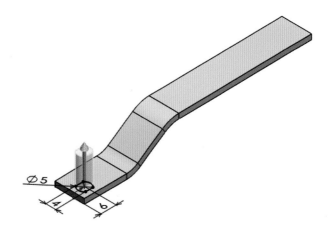

| 6 | 回り止めの穴があきました |

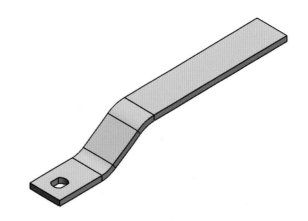

Chapter 6

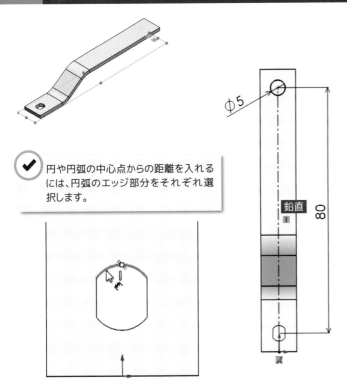

円や円弧の中心点からの距離を入れるには、円弧のエッジ部分をそれぞれ選択します。

| 1 | ツリーの「平面」を選択してスケッチに入ります |

φ5

鉛直

80

| 2 | 図のようなスケッチを描きます |

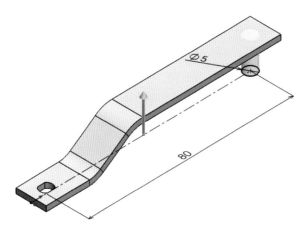

φ5

80

| 3 | 「押し出しカット」をクリック |

方向1

全貫通

□ 反対側をカット(F)

□ 外側に抜き勾配指定(O)

| 4 | 以上のように設定します |

| 5 | OKをクリック |

Chapter **6**

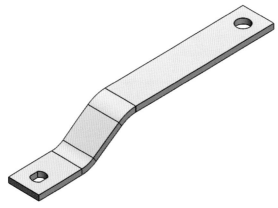

| 6 | 通し穴があきました |

| 1 | 「フィレット」をクリック |

| 2 | フィレットタイプを
「フルラウンドフィレット」に
設定します |

| 3 | フィレットするアイテムの
「面のセット1」をクリック |

| 4 | 図に示す面を選択します |

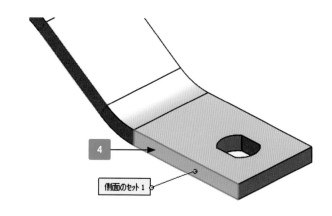

側面のセット1

| 5 | フィレットするアイテムの
「中央の面セット」をクリック |

| 6 | 図に示す面を選択します |

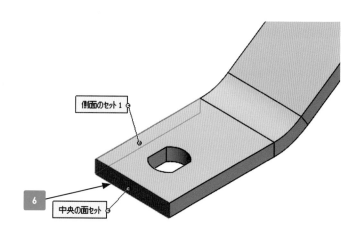

側面のセット1

中央の面セット

| 7 | フィレットするアイテムの
「面のセット2」をクリック |

| 8 | 図に示す面を選択します |

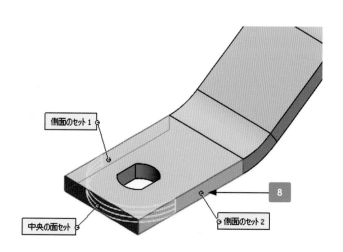

側面のセット1

中央の面セット

側面のセット2

Chapter 6

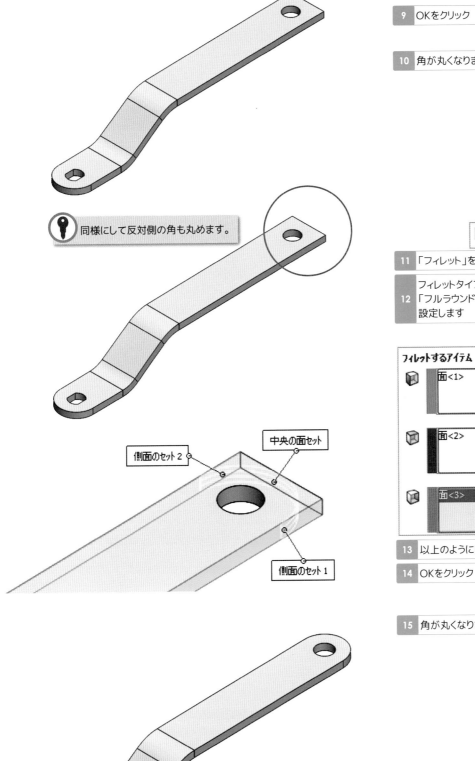

側面のセット 2	
中央の面セット	
側面のセット 1	

同様にして反対側の角も丸めます。

9 OKをクリック

10 角が丸くなりました

11 「フィレット」をクリック

12 フィレットタイプを「フルラウンドフィレット」に設定します

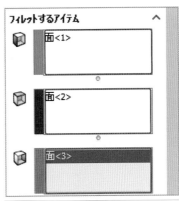

フィレットするアイテム

面<1>

面<2>

面<3>

13 以上のように設定します

14 OKをクリック

15 角が丸くなりました

16 レバーが完成しました

17 <ハンドル組立>フォルダの中に「レバー」という名前で保存します

Chapter 6

13 アセンブリの分解図

ハンドル組立

1 新規にアセンブリドキュメントを開きます

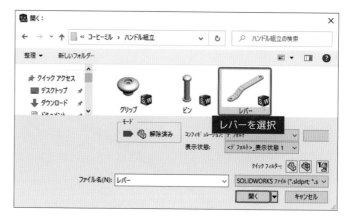

2 「レバー」を選択して開きます

3 ポインタをグラフィックス領域内に移動すると、「レバー」が現れます

4 OKをクリック

5 アセンブリ空間上にレバーが配置されました

✔ アセンブリの原点を表示して配置する方法はP154を参照ください。

正接エッジの表示方法

表示>表示タイプ>正接エッジ削除

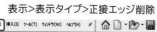
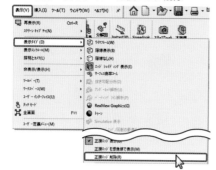

正接エッジ表示

正接エッジ削除

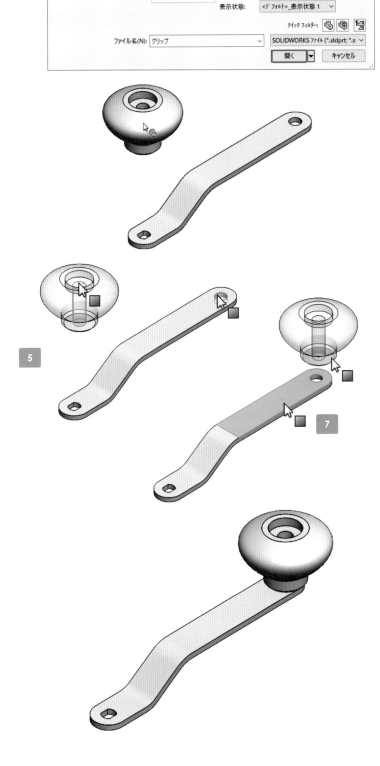

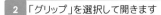

1	「構成部品の挿入」をクリック

2	「グリップ」を選択して開きます

3	グラフィックス領域内に「グリップ」を挿入します

4	「合致」をクリック

◎ 同心円(N)

5	図に示す面と面に「同心円」合致をつけます

6	OKをクリック

人 一致(C)

7	図に示す面と面に「一致」合致をつけます

8	OKを2回クリック

9	グリップが配置されました

Chapter 6

1 「構成部品の挿入」をクリック

2 「ピン」を選択して開きます

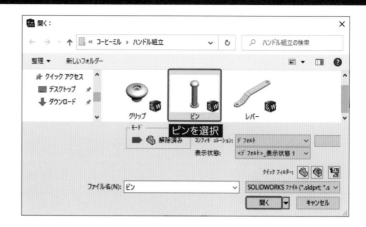

3 グラフィックス領域内に「ピン」を挿入します

4 「合致」をクリック

◎ 同心円(N)

5 図に示す面と面に「同心円」合致をつけます

6 OKをクリック

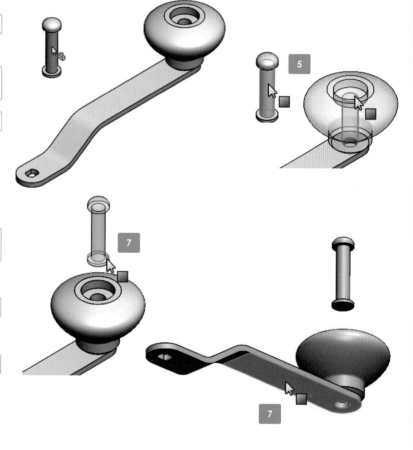

八 一致(C)

7 図に示す面と面に「一致」合致をつけます

8 OKを2回クリック

9 ピンが配置されました

10 <ハンドル組立>フォルダの中に「ハンドル組立」という名前で保存します

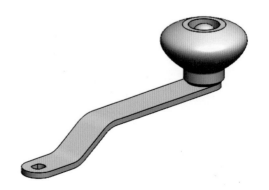

分解図

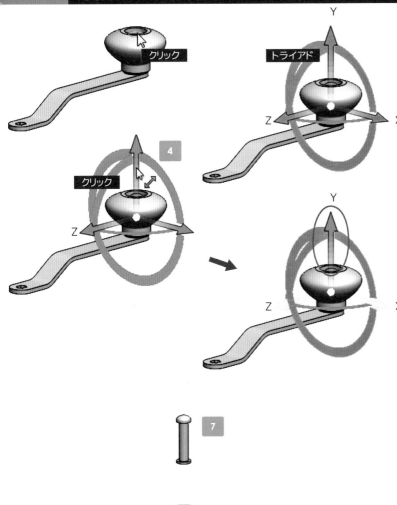

1 <アセンブリタブ>
「分解図」をクリック

2 グラフィックス領域でピンを
クリックすると

3 トライアドが表示されます

4 「Y軸のトライアドアーム」を
クリックするとY軸方向への移動の
設定となります

ステップを追加(D)

分解ステップ1

ピン-2@Assem1

Y@Assem1.SLDASM

80.00mm

XYRing@ピン-2

0.00deg

□ 各構成部品の原点を中心に
回転(O)

ステップを追加(A) リセット

5 以上のように設定します

6 「ステップを追加」をクリック

ver.2017以前の分解図では、
「適用」をクリックし、「完了」を
クリックします。

□ 各構成部品の原点を中心に回転
適用(P) 完了(D)

7 ピンはY軸方向に移動します

8 グラフィックス領域でグリップを
クリック

9 「Y軸のトライアドアーム」をクリック

同様にしてグリップも移動します。

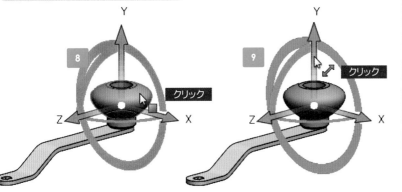

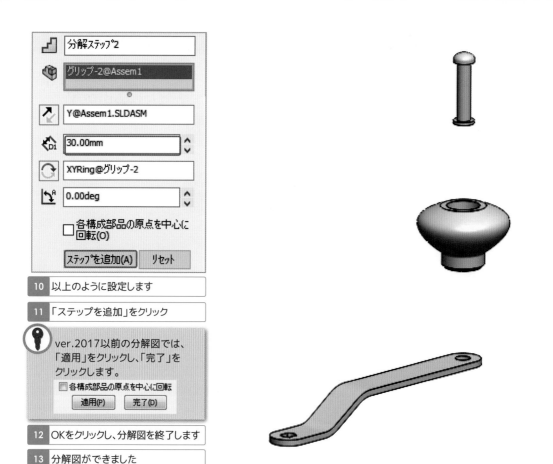

| 分解ステップ2 |
| グリップ-2@Assem1 |
| Y@Assem1.SLDASM |
| 30.00mm |
| XYRing@グリップ-2 |
| 0.00deg |
| □ 各構成部品の原点を中心に回転(O) |
| ステップを追加(A)　リセット |

10 以上のように設定します

11 「ステップを追加」をクリック

🔑 ver.2017以前の分解図では、「適用」をクリックし、「完了」をクリックします。
□ 各構成部品の原点を中心に回転
適用(P)　完了(D)

12 OKをクリックし、分解図を終了します

13 分解図ができました

5　分解ラインスケッチを作成する

分解図 → 🔹 分解ラインスケッチ

1 <アセンブリタブ>
「分解図」フライアウトボタンから「分解ラインスケッチ」をクリック

2 図に示す軸をクリック

🔹 **分解ライン** ?

✓ ✕ 📌

接続アイテム(I) ∧

軸<1>@レバー-1
軸<2>@グリップ-1
軸<3>@ピン-1

オプション(O) ∧
□ 反対方向(R)
□ 代替パス(A)
☑ XYZに沿う(X)

✔ 分解ラインスケッチは矢印の向きに線が出ます。軸をクリックしたときに「反対方向」にチェックを入れると向きが反転します。

3 図に示す軸をクリック

4 図に示す軸をクリック

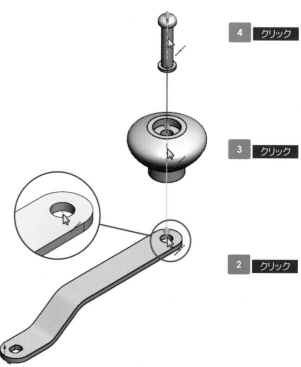

4 クリック

3 クリック

2 クリック

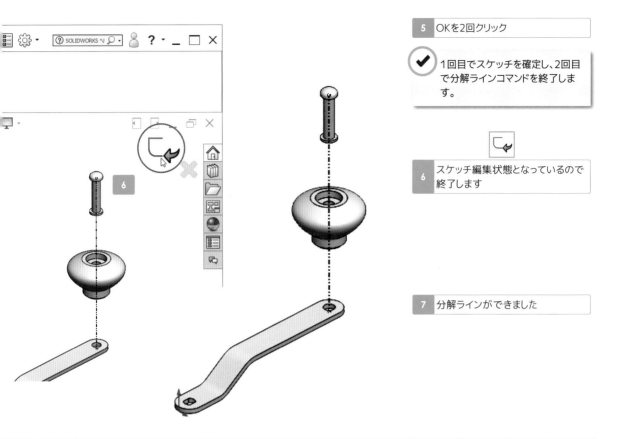

5　OKを2回クリック

✓ 1回目でスケッチを確定し、2回目で分解ラインコマンドを終了します。

6　スケッチ編集状態となっているので終了します

7　分解ラインができました

6　分解図を解除する

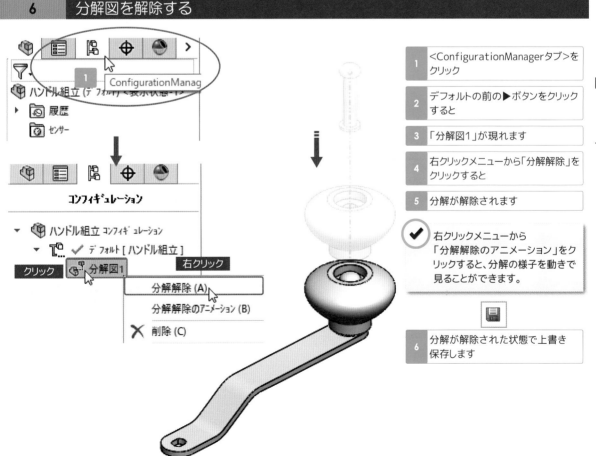

1　<ConfigurationManagerタブ>をクリック

2　デフォルトの前の▶ボタンをクリックすると

3　「分解図1」が現れます

4　右クリックメニューから「分解解除」をクリックすると

5　分解が解除されます

✓ 右クリックメニューから「分解解除のアニメーション」をクリックすると、分解の様子を動きで見ることができます。

6　分解が解除された状態で上書き保存します

Chapter 6

モデルの完成

アセンブリ名
「コーヒーミル」

組立手順
1. コンテナ組立を配置する
2. ミル刃組立を配置する
3. ホッパーを配置する
4. スペーサーを配置する
5. ハンドル組立を配置する
6. 軸固定ネジを配置する
7. モデルの動きを確認する

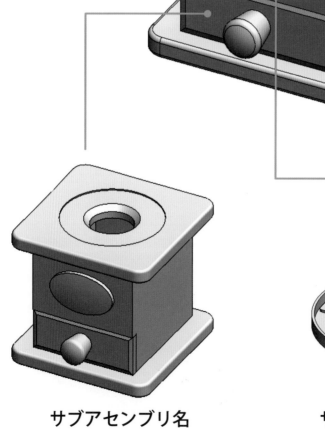

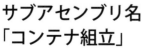
サブアセンブリ名
「コンテナ組立」

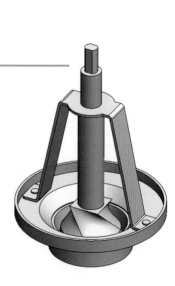
サブアセンブリ名
「ミル刃組立」

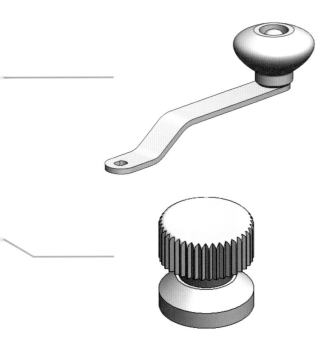

サブアセンブリ名
「ハンドル組立」

部品名
「軸固定ネジ」

作業手順
1. 基礎となる形状を作る
2. 溝を切る
3. 滑り止めを作る
4. 固定用の穴をあける
5. 角に丸みをつける

部品名
「スペーサー」

作業手順
1. 基礎となる形状を作る
2. 多角形の板を追加する
3. 回り止めの穴をあける
4. 余分な部分を削除する
5. 形状を複写する
6. 角に丸みをつける

部品名
「ホッパー」

作業手順
1. 基礎となる形状を作る
2. 曲面形状を作る
3. フランジ形状を作る
4. 角に丸みをつける
5. 薄板化する

14 回転で曲面を作る

ホッパー

1 基礎となる形状を作る 回転

1 新しく部品ドキュメントを開きます

□ 正面

2 ツリーの「正面」を選択してスケッチに入ります

3 図のようなスケッチを描きます

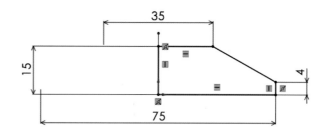

4 「回転ボス/ベース」をクリック

回転軸(A)

／ 直線1

方向1(1)

↻ ブラインド

↥R1 360.00deg

5 OKをクリック

6 基礎となる形状ができました

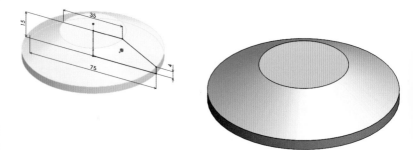

2 曲面形状を作る 回転

1 ツリーの「正面」を選択してスケッチに入ります

2 図のようなスケッチを描きます

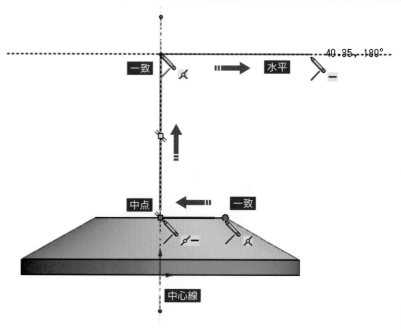

一致 水平 40.35 180°

中点 一致

中心線

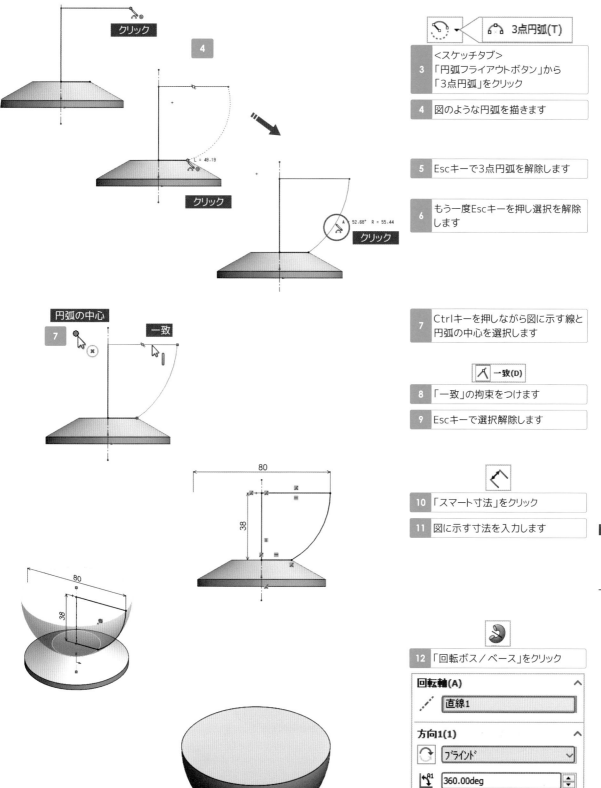

クリック

4

クリック

`L = 49.19`

`52.68° R = 55.44`

クリック

円弧の中心

7

一致

<table>
<tr><td></td><td>⌒</td><td>3点円弧(T)</td></tr>
</table>

<スケッチタブ>
3 「円弧フライアウトボタン」から
「3点円弧」をクリック

4 図のような円弧を描きます

5 Escキーで3点円弧を解除します

6 もう一度Escキーを押し選択を解除
します

7 Ctrlキーを押しながら図に示す線と
円弧の中心を選択します

人 一致(D)

8 「一致」の拘束をつけます

9 Escキーで選択解除します

80

38

く

10 「スマート寸法」をクリック

11 図に示す寸法を入力します

80

38

ぐ

12 「回転ボス／ベース」をクリック

回転軸(A)　∧
/// 直線1

方向1(1)　∧
↻ ブラインド
↟R1 360.00deg

13 OKをクリック

14 曲面形状が追加できました

1	図に示す面を選択してスケッチに入ります

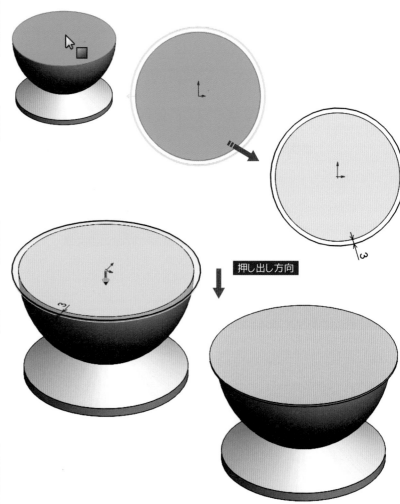

2	面を選択した状態で

エンティティオフセット

3	<スケッチタブ>「エンティティオフセット」をクリック

パラメータ(P)　　　∧

3.00mm

☑ 寸法の追加(D)
☐ 反対方向(R)

4	以上のように設定します
5	OKをクリック

6	「押し出しボス/ベース」をクリック

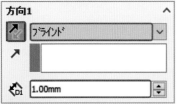

方向1　　　∧

ブラインド

1.00mm

7	以上のように設定します
8	OKをクリック
9	フランジ形状を追加できました

押し出し方向

---

4 角に丸みをつける　　　　　　　　　　　　　フィレット

1	「フィレット」をクリック
2	図に示すエッジを選択します

フィレットするアイテム　　∧

エッジ<1>
エッジ<2>
エッジ<3>

☑ 選択ツールバーを表示(L)
☑ 正接の継続(G)

フィレット パラメータ　　∧

対称

3.00mm

🔑 フィレットタイプは
固定サイズを使用します。

3	以上のように設定します
4	OKをクリック
5	角に丸みがつきました

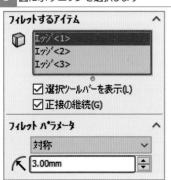

Chapter 6

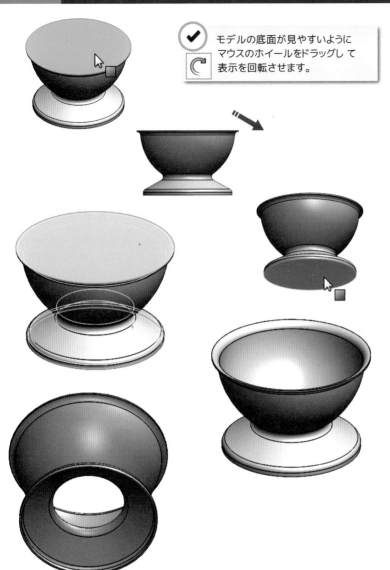

モデルの底面が見やすいように
マウスのホイールをドラッグして
表示を回転させます。

1 「シェル」をクリック

2 図に示す2つの面を選択します

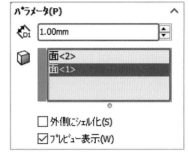

パラメータ(P)

D1 1.00mm

面<2>
面<1>

□外側にシェル化(S)
☑プレビュー表示(W)

3 以上のように設定します

4 OKをクリック

5 薄板化できました

指定保存

← → ↑ 📁 › PC › デスクトップ › コーヒーミル › ✓ ○ 🔍 コーヒーミルの検索

整理 ▼ 新しいフォルダー ▦ ▼ ❓

★ クイック アクセス
■ デスクトップ 📌
↓ ダウンロード 📌
🗎 ドキュメント 📌
🖼 ピクチャ 📌

コンテナ組立 ハンドル組立 ミル刃組立

ファイル名(N): ホッパー
ファイルの種類(T): SOLIDWORKS Part (*.prt;*.sldprt)
詳細: Add a description

◉ 指定保存 □すべての参照構成部品を含む
○ コピーを指定保存して続行 ○プレフィックス追加
○ コピーを指定保存して開く ○サフィックス追加 詳細設定
∧ フォルダーの非表示 保存する場所を確認 保存(S) キャンセル

6 ホッパーが完成しました

7 <コーヒーミル>フォルダの中に
「ホッパー」という名前で保存します

スペーサー

Chapter 6 応用演習

15 円周方向に形状を複写する

1 基礎となる形状を作る　　　　　　　　　押し出し：ブラインド

| 1 | 新しく部品ドキュメントを開きます |

| 2 | ツリーの「平面」を選択してスケッチに入ります |

| 3 | 図のようなスケッチを描きます |

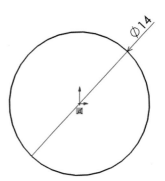

| 4 | 「押し出しボス/ベース」をクリック |

方向1 ∧

↗	ブラインド	∨
↗		
⬇D1	16.00mm	⬆⬇
◻		⬆⬇
☐ 外側に抜き勾配指定(O)		

| 5 | 以上のように設定します |

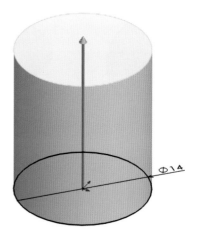

| 6 | OKをクリック |

| 7 | 基礎となる形状ができました |

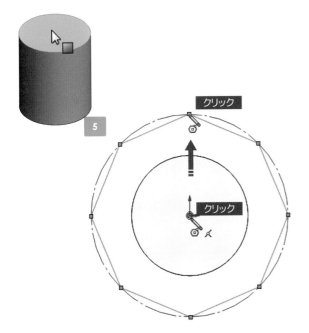

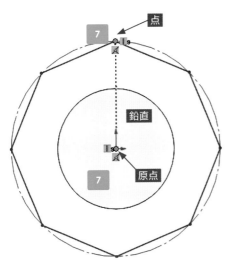

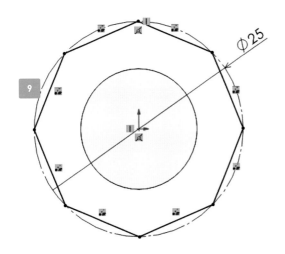

1	図に示す面を選択してスケッチに入ります

2	表示方向「平面」をクリック

3	<スケッチタブ>「多角形」をクリック

4	以上のように設定します
5	図のようなスケッチを描きます
6	Escキーで多角形を解除します
7	Ctrlキーを押しながら原点と上の点を選択します

┃ 鉛直(V)	
8	「鉛直」の拘束をつけます

9	図のような寸法を入力します

φ25

Chapter 6

10 「押し出しボス/ベース」をクリック

次から(F) ∧
オフセット ∨
1.00mm

方向1 ∧
ブラインド ∨
↗
D1 1.00mm

11 以上のように設定します

12 OKをクリック

✔ 押し出しの設定は2つあります。
「次から」ではフィーチャーの始点
を決めることができます。
「方向」ではフィーチャーの終点を
決めることができます。

13 多角形の板が追加できました

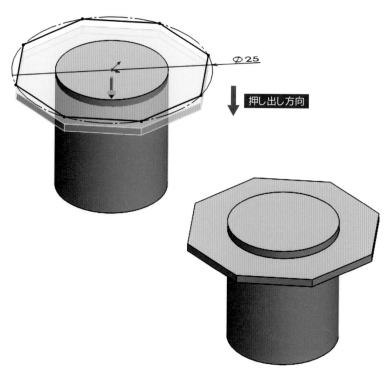

Ø25

押し出し方向

押し出しの設定「オフセット」について

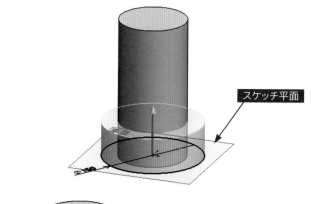

スケッチ平面

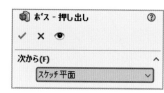

ボス - 押し出し ⑦
✓ ✕ 👁
次から(F) ∧
スケッチ平面 ∨

デフォルトはスケッチ平面に設定されています。
この場合スケッチを描いた平面を始点に形状が
作成されます。

オフセット平面
※実際には表示されません

100

100

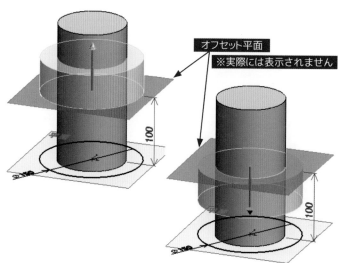

ボス - 押し出し ⑦
✓ ✕ 👁
次から(F) ∧
↗ オフセット ∨
100.00mm

次からのオプションを「オフセット」に設定すると、
スケッチを描いた平面から入力した数値だけ
オフセットした平面を始点に形状が作成されます。

Chapter 6

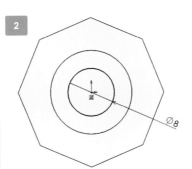

✅ 「オフセット開始サーフェス指定」は、指定した面からオフセットした位置まで押し出します。

✅ 🔲 断面表示にし、指定した面から2mmオフセットした位置で押し出しカットが止まっていることを確認します。

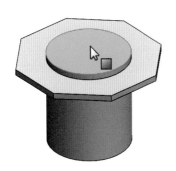

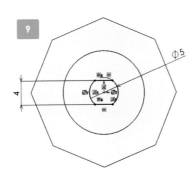

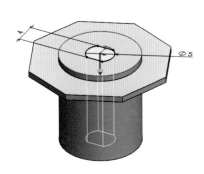

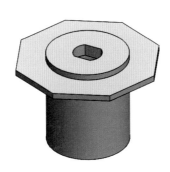

1	ツリーの「平面」を選択してスケッチに入ります

2	図のようなスケッチを描きます

3	「押し出しカット」をクリック

方向1　　　　　　　　⌃
↗ オフセット開始サーフェス指定 ⌄
↗ [　　　　　　　　　　]
🔷 面<1>
📏 2.00mm 　　　　　　🔼🔽
☐ 反対側へオフセット(V)

4	以上のように設定します
5	OKをクリック
6	穴があきました

7	図に示す面を選択してスケッチに入ります

8	表示方向「平面」をクリック
9	図のようなスケッチを描きます

🔑 スケッチの描き方はP170を参照ください。

10	「押し出しカット」をクリック

方向1　　　　　　　　⌃
↗ 全貫通 ⌄
↗ [　　　　　　　　　　]
☐ 反対側をカット(F)

11	以上のように設定します
12	OKをクリック
13	回り止めができました

Chapter 6

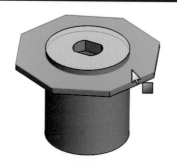

| 1 | 図に示す面を選択してスケッチに入ります |

| 2 | 表示方向「平面」をクリック |

| 3 | 「3点円弧」をクリック |

| 4 | 図のようなスケッチを描きます |

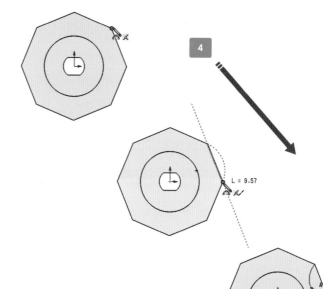

| 5 | Escキーで3点円弧を解除します |

| 6 | 図に示すエッジを選択します |

| 7 | 「エンティティ変換」をクリック |

| 8 | エッジが投影されました |

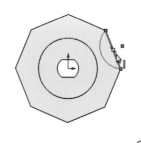

| 9 | 図に示す寸法を入力します |

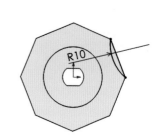

R10

Chapter 6

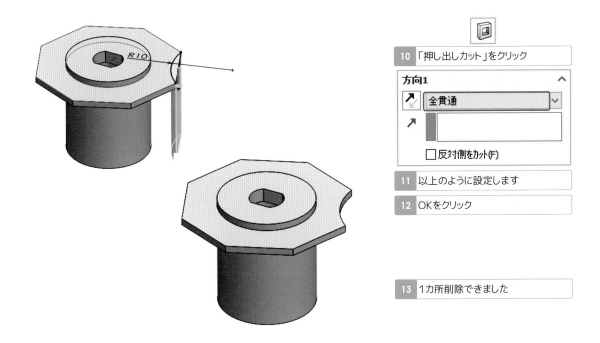

10 「押し出しカット」をクリック

方向1 ^

↗ 全貫通 ∨

↗ [   ]

☐ 反対側をカット(F)

11 以上のように設定します

12 OKをクリック

13 1カ所削除できました

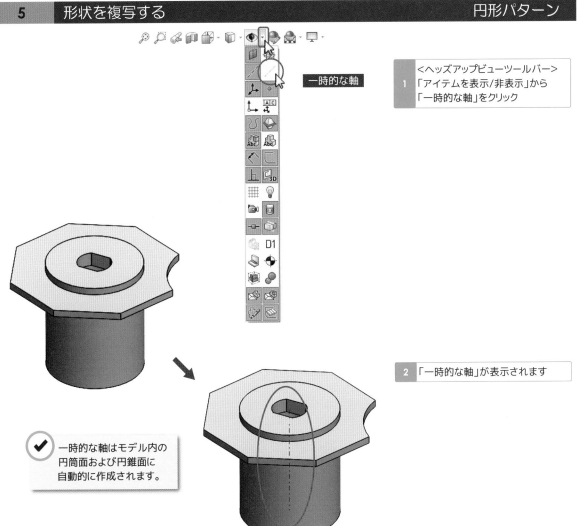

一時的な軸

1 <ヘッズアップビューツールバー>
「アイテムを表示/非表示」から
「一時的な軸」をクリック

2 「一時的な軸」が表示されます

✔ 一時的な軸はモデル内の
円筒面および円錐面に
自動的に作成されます。

Chapter 6

3	Escキーで選択を解除します

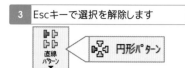

4	<フィーチャータブ> 「パターンフライアウトボタン」から 「円形パターン」をクリック

方向1(D)

軸<1>

○ インスタンス間隔
◉ 等間隔

360.00deg

8

☐ **方向2(D)**

☑ **フィーチャーと面(F)**

カット - 押し出し3

5	パターン軸に「一時的な軸」を 選択します
6	インスタンス数に「8」と入力します

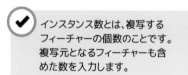

✔ インスタンス数とは、複写する
フィーチャーの個数のことです。
複写元となるフィーチャーも含
めた数を入力します。

7	等間隔にチェックを入れます
8	「フィーチャーと面」に図に示す面を 選択します
9	形状がプレビューされます
10	OKをクリック

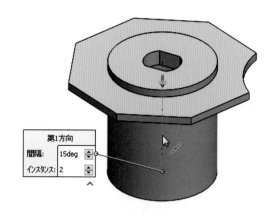

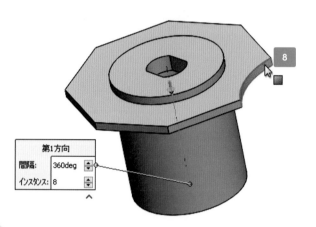

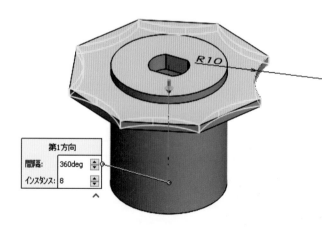

11	残りの部分も削除できました
12	「一時的な軸」を非表示にします

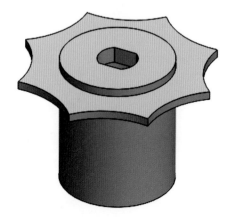

Chapter 6

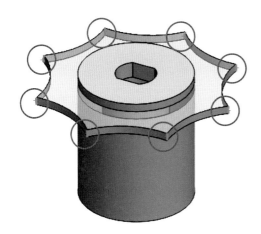

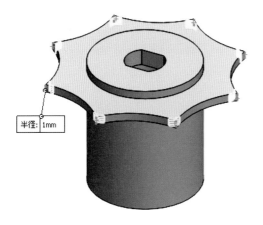

半径: 1mm

「フィレット」をクリック

2 図に示すエッジを選択します

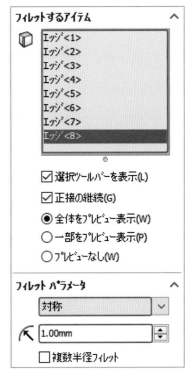

フィレットするアイテム

エッジ<1>
エッジ<2>
エッジ<3>
エッジ<4>
エッジ<5>
エッジ<6>
エッジ<7>
エッジ<8>

☑ 選択ツールバーを表示(L)

☑ 正接の継続(G)

◉ 全体をプレビュー表示(W)

○ 一部をプレビュー表示(P)

○ プレビューなし(W)

フィレット パラメータ

対称

↖ 1.00mm

□ 複数半径フィレット

3 以上のように設定します

4 OKをクリック

5 角に丸みがつきました

6 スペーサーが完成しました

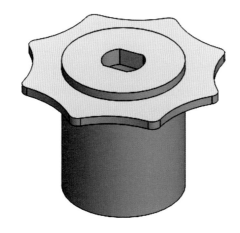

7 <コーヒーミル>フォルダの中に「スペーサー」という名前で保存します

Chapter 6

Chapter 6 応用演習

16 履歴を操作する

軸固定ネジ

| 1 | 基礎となる形状を作る | 押し出し：ブラインド |

1 新しく部品ドキュメントを開きます

2 ツリーの「平面」を選択してスケッチに入ります

3 図のようなスケッチを描きます

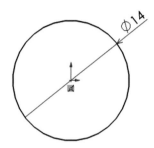

Ø14

4 「押し出しボス/ベース」をクリック

方向1

ブラインド

14.00mm

□ 外側に抜き勾配指定(O)

5 以上のように設定します

6 OKをクリック

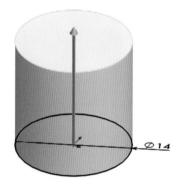

Ø14

7 基礎となる形状ができました

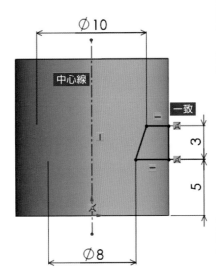

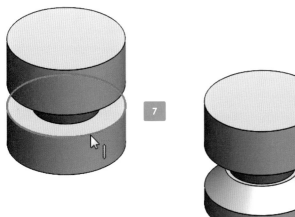

1 ツリーの「正面」を選択してスケッチに入ります

2 図のようなスケッチを描きます

回転カット

3 ＜フィーチャータブ＞
「回転カット」をクリック

回転軸(A)

∕ 直線1

方向1(1)

↻ ブラインド

⬆️R1 360.00deg

4 OKをクリック

5 溝が切れました

6 「面取り」をクリック

7 図に示すエッジを選択します

面取りタイプ

面取りするアイテム

▢ エッジ<1>

☑ 正接の継続(G)

面取りパラメータ

☐ 反対方向(F)

↘️D 2.50mm

⬆️A 45.00deg

8 以上のように設定します

9 OKをクリック

10 面取りできました

Chapter 6

1　図に示す面を選択してスケッチに入ります

2　表示方向「平面」をクリック

3　Escキーで選択を解除します

4　図に示すモデルのエッジを選択します

5　「エンティティ変換」をクリック

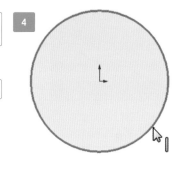

4

🔑 ここではエンティティ変換する場合に、面ではなくエッジを選択します（面選択にするとP230でエラーになります）。

6　図のようなスケッチを描きます

7　Escキーで選択を解除します

8　Ctrlキーを押しながら中心線と2本の直線を選択します

◎ 対称(S)

9　「対称」の拘束をつけます

10　Escキーで選択を解除します

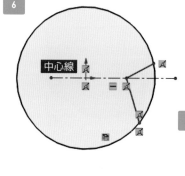

6

中心線

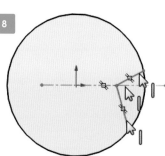

8

✂

11　「エンティティのトリム」をクリック

✔ オプションの「一番近い交点までトリム」を使うと便利です。

12　図に示すエッジを削除します

13　Escキーでエンティティのトリムを解除します

⌄

14　「スマート寸法」をクリック

15　図に示す2本の直線を選択すると

16　角度寸法が現れるので適当なところに配置します

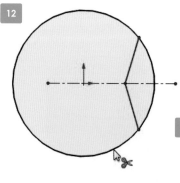

12

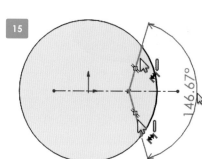

15

146.67°

Chapter 6

17 図に示す寸法を入力します

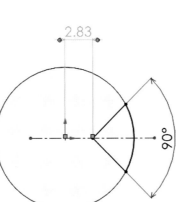

18 図に示す円弧と点を選択すると

19 寸法が現れるので適当なところに
配置します

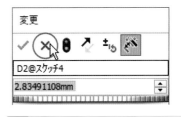

20 「閉じる」をクリックして
変更ダイアログを閉じます

21 寸法が選択状態になっているのを
確認します

✔ 寸法が選択状態のとき、プロパ
ティマネージャーは寸法配置
(寸法のプロパティ)になります。

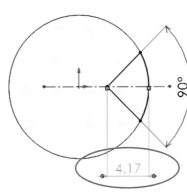

22 寸法配置プロパティの
<引出線タブ>をクリック

23 「円弧の状態」で「最小」を選択します

24 OKをクリック

25 寸法の状態が変化します

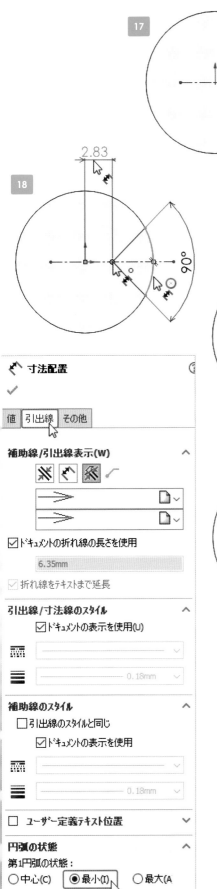

26	寸法数値をダブルクリック

27	変更ダイアログボックスが現れます

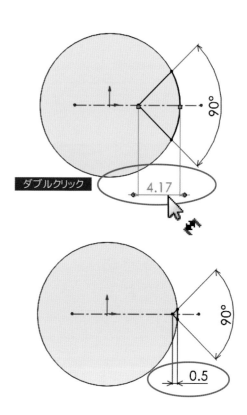

28	図に示す寸法を入力します

29	「押し出しカット」をクリック

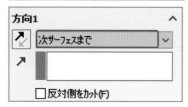

30	以上のように設定します
31	OKをクリック
32	切り欠きがつきました

33	Escキーで選択を解除します
34	「一時的な軸」を表示します

✔ 一時的な軸を表示するには、
<ヘッズアップビューツールバー>
「アイテムを表示/非表示」の
「一時的な軸」をオンにします。

35	「円形パターン」をクリック

36	パターン軸に一時的な軸を 選択します

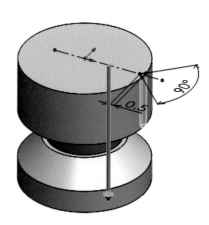

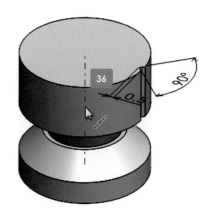

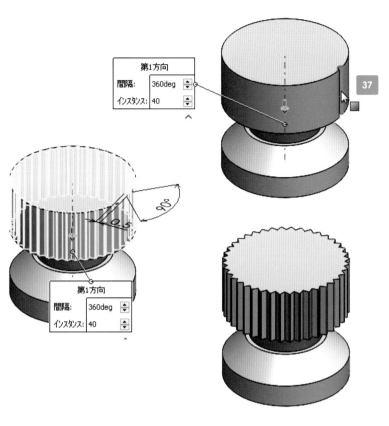

第1方向
間隔:	360deg
インスタンス:	40

90°
0.5

第1方向
間隔:	360deg
インスタンス:	40

37

方向1(D)

軸<1>

○ インスタンス間隔
◉ 等間隔

360.00deg

40

□ **方向2(D)**

☑ **フィーチャーと面(F)**

カット - 押し出し1

37	「フィーチャーと面」に図に示す面を選択します
38	以上のように設定します
39	OKをクリック
40	滑り止めができました

✓ 「一時的な軸」は 非表示にしておきます。

4　固定用の穴をあける　　　　　　押し出しカット：ブラインド

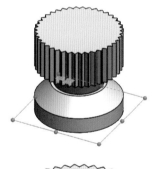

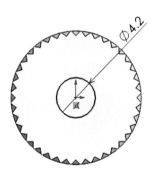
Ø4.2

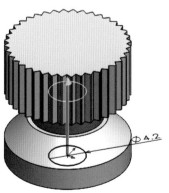

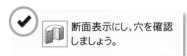

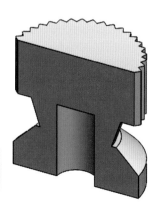

Ø4.2

1	ツリーの「平面」を選択してスケッチに入ります
2	図のようなスケッチを描きます

3	「押し出しカット」をクリック

方向1

ブラインド

8.00mm

□ 反対側をカット(F)

4	以上のように設定します
5	OKをクリック
6	固定用の穴があきました

✓ 断面表示にし、穴を確認しましょう。

Chapter 6

軸固定ネジの上面角部を丸めます。しかし、滑り止め加工によりエッジがないため、フィレットをつけることができません。そこで、履歴操作により滑り止め加工を行う前にさかのぼって編集を行います。

1 図の位置まで「ロールバックバー」を動かします

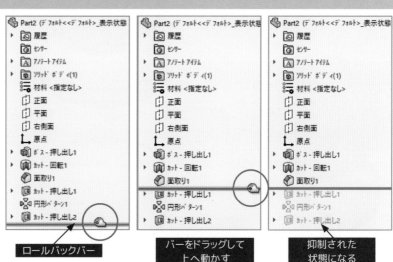

ロールバックバー

バーをドラッグして上へ動かす

抑制された状態になる

2 滑り止めを作成する以前の形状に戻ります

3 「フィレット」をクリック

4 図に示すエッジを選択します

フィレット タイプ

フィレットするアイテム

エッジ<1>

☑ 選択ツールバーを表示(L)

☑ 正接の継続(G)

◉ 全体をプレビュー表示(W)

フィレット パラメータ

対称

1.00mm

5 以上のように設定します

6 OKをクリック

7 角に丸みがつきました

8 「ロールバックバー」を下へドラッグして元に戻します

✔ フィレットを作成した後に滑り止めを作成したモデルに変更することができました。

9 軸固定ネジが完成しました

10 <コーヒーミル>フォルダの中に「軸固定ネジ」という名前で保存します

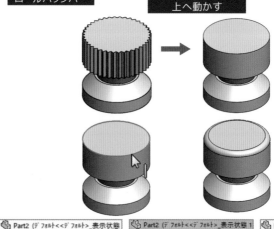

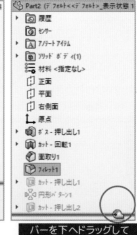

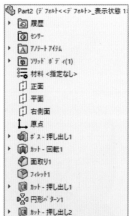

バーを下へドラッグして元に戻す

抑制が解除される

Chapter 6

ねじ山表示の追加

アセンブリにおいて合致がしやすいように、ねじ山を実際には切らずに表示のみ追加することができます。
また、必要に応じてねじ山を表示させることもできます。

挿入(I) ツール(T) ウィンドウ(W)

- 面(F)
- カーブ (U)
- 参照ジオメトリ(G)

- 板金(H)
- 構造システム
- 溶接(W)
- モールド (L)

- テーブル(T)
- **アノテートアイテム(N)**
- オブジェクト...(O)
- ハイパーリンク...(Y)
- ユーザー定義メニュー(M)

- A 注記...(N)
- バルーン...(A)
- 積重ねバルーン...(S)
- 表面粗さ記号...(F)
- 溶接記号...(W)
- 幾何公差...(T)
- データム記号...(U)
- データムターゲット...(D)
- **ねじ山...(O)**
- 領域のハッチング
- 位置ラベル(L)

1 <メニューバー>の挿入から「アノテートアイテム」▶「ねじ山」をクリック

クリック

クリック

ねじ山

ねじ山設定(S)

エッジ<1>

面/平面から開始:

規格:
JIS

タイプ:
機械ねじ

サイズ:
M5x0.8

5.00mm

ブラインド

6.00mm ──── ねじ部長さ

ねじ山のクラス

2 図のエッジを選択し、以上のように設定します

3 OKをクリックするとツリーにねじ山が追加されます

軸固定ネジ (デフォルト<<デフォ
- 履歴
- センサー
- アノテートアイテム
- ソリッドボディ(1)
- 材料 <指定なし>
- 正面
- 平面
- 右側面
- 原点
- ボス - 押し出し1
- カット - 回転1
- 面取り1
- フィレット1
- カット - 押し出し1
- 円形パターン1
- カット - 押し出し2
  - スケッチ5
  - **ねじ山1**

●ねじ山を表示するには

Part3 (デフォルト) <<デフォルト>_表示状態 1
- 履歴
- センサー **右クリック**
- **アノテートアイテム**
- ソリッドボディ
- 材料 <指定
- 正面
- 平面

- **詳細設定... (A)**
- ✓ アノテートアイテムの表示(B)
- フィーチャー寸法表
- ✓ 参照寸法表示

クリック

4 ツリーのアノテートアイテムを右クリックし、「詳細設定」をクリック

5 プロパティダイアログが現れます

アノテートプロパティ

表示フィルター
- ☑ ねじ山(C)
- ☑ データム記号(D)
- ☑ データムターゲット(T)
- ☐ フィーチャー寸法(F)
- ☑ 参照寸法(R)
- ☐ DimXpert 寸法(X)
- ☑ シェイディングされたねじ山(I)
- ☑ 幾何公差(G)
- ☑ 注記(N)
- ☑ 表面粗さ記号(S)
- ☑ 溶接記号(W)
- ☐ すべての種類を表示(A)

☑ 常時同じテキストサイズを使用(Z)

テキストスケール(X): 1:1

☐ アノテートアイテムを作成した際の表示方向名でのみ表示(V)

☑ アノテートアイテムの表示(P)

☐ 全構成部品にアセンブリの設定を使用(U)

JIS表面粗さ記号のサイズ(J): 1文字

スケール: 1 : 1

OK
キャンセル
ヘルプ(H)
適用(L)

6 「シェイディングされたねじ山」にチェック入れ、OKをクリック

7 ねじ山が表示されました

Chapter 6 応用演習

17 モデルの動きを確認する

コーヒーミル

1 コンテナ組立を配置する　　　アセンブリ原点と部品原点一致

1 新規にアセンブリドキュメントを開きます

2 ファイルの種類を「SOLIDWORKS ファイル」に設定します

3 <コンテナ組立>フォルダを選択して開きます

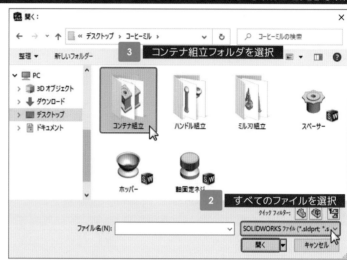

3 コンテナ組立フォルダを選択

2 すべてのファイルを選択

4 「コンテナ組立」を選択して開きます

5 ポインタをグラフィックス領域内に移動すると、「コンテナ組立」が現れます

4 コンテナ組立を選択

6 OKをクリック

7 アセンブリ空間上にコンテナ組立が配置されました

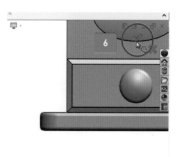

✓ OKボタンをクリックすると「部品の原点」と「アセンブリの原点」が一致するように自動的に配置されます。

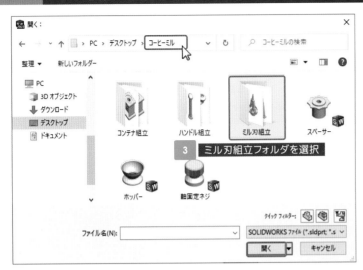

1 「構成部品の挿入/アセンブリ」を
クリック

📁 ▸ コーヒーミル ▸

2 <コーヒーミル>フォルダを
クリックします

3 <ミル刃組立>フォルダを選択して
開きます

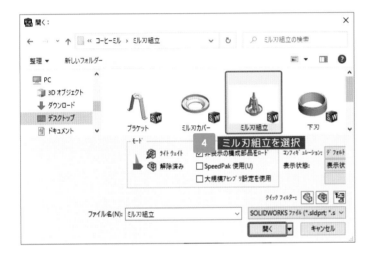

4 「ミル刃組立」を選択して開きます

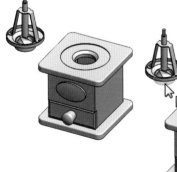

5 グラフィックス領域内に
「ミル刃組立」を挿入します

6 「合致」をクリック

◎ 同心円(N)

7 図に示す面と面に「同心円」合致を
つけます

8 OKをクリック

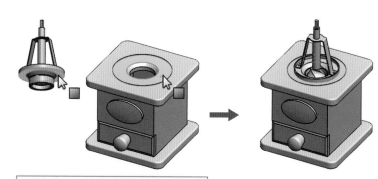

 一致(C)

9 図に示す面と面に「一致」合致を
つけます

10 OKをクリック

 一致(C)

11 図に示すようにツリーから
「アセンブリの正面」と
「ミル刃組立部品の正面」に
「一致」合致をつけます

12 OKを2回クリック

13 ミル刃組立が配置されました

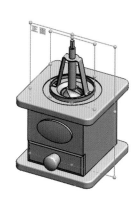

---

3 ホッパーを配置する　　　　　エッジとエッジの一致合致

1 「構成部品の挿入」をクリック

📁 ▶ コーヒーミル ▶

2 <コーヒーミル>フォルダをクリック

3 「ホッパー」を選択して開きます

4 グラフィックス領域内に「ホッパー」を
挿入します

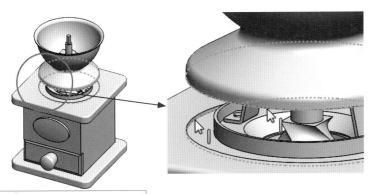

5 「合致」をクリック

| 一致(C) |

6 図に示すエッジとエッジに「一致」合致をつけます

7 OKをクリック

| 一致(C) |

▶ アノテート アイテム
  正面
  平面
  右側面
  ⌐ 原点
▶ (固定) コンテナ組立...
▶ ミル刃組立 <1> (デ...
▼ (-) ホッパー <1> (デ...
  ▶ 合致@Assem1
  ▶ 履歴
    センサー
  ▶ アノテート アイテム
  ▶ ソリッド ボディ(1)
    材料 <指定な...
    正面
    平面

8 図に示すようにツリーから「アセンブリの正面」と「ホッパーの正面」に「一致」合致をつけます

9 OKを2回クリック

10 ホッパーが配置されました

---

4   スペーサーを配置する   面と面の同心円合致

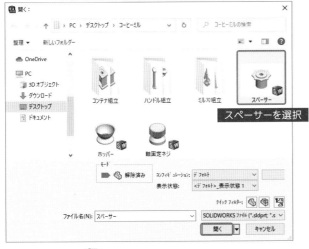

スペーサーを選択

1 「構成部品の挿入」をクリック

2 「スペーサー」を選択して開きます

3 グラフィックス領域内に「スペーサー」を挿入します

4 「合致」をクリック

5 図に示す面と面に「同心円」合致を
つけます

6 OKをクリック

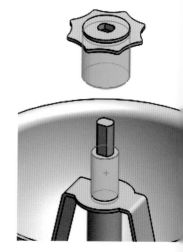

7 図に示す面と面に「一致」合致を
つけます

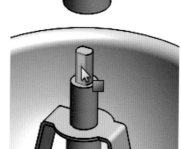

8 OKをクリック

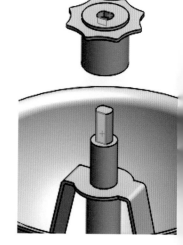

9 図に示す面と面に「一致」合致を
つけます

10 OKを2回クリック

11 スペーサーが配置されました

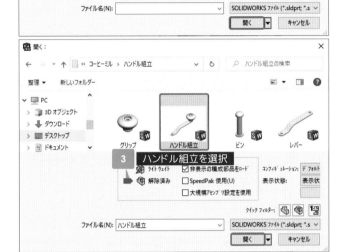

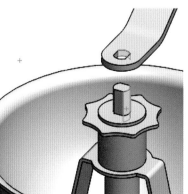

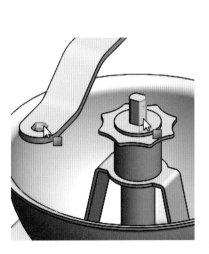

1	「構成部品の挿入」をクリック

2	<ハンドル組立>フォルダを選択して開きます

3	「ハンドル組立」を選択して開きます

4	グラフィックス領域内に「ハンドル組立」を挿入します

5	「合致」をクリック

◎ 同心円(N)

6	図に示す面と面に「同心円」合致をつけます

7	OKをクリック

Chapter 6

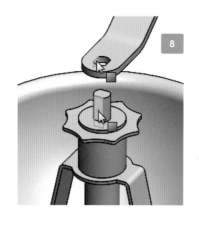

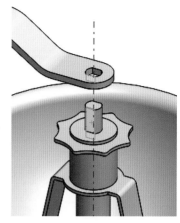

8 図に示す面と面に「一致」合致を
つけます

9 OKをクリック

一致(C)

10 図に示す面と面に「一致」合致を
つけます

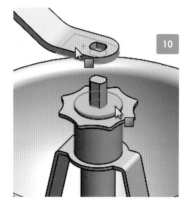

11 OKを2回クリック

12 ハンドル組立が配置されました

---

6 軸固定ネジを配置する

1 「構成部品の挿入」をクリック

2 <コーヒーミル>フォルダをクリック

3 「軸固定ネジ」を選択して開きます

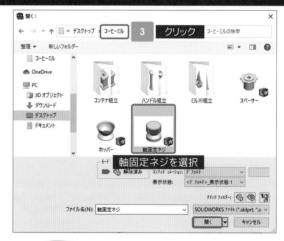

4 グラフィックス領域内に
「軸固定ネジ」を挿入します

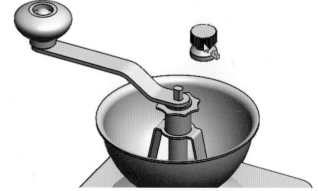

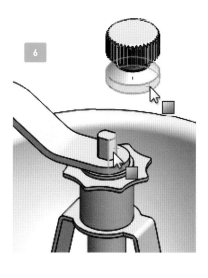

5 「合致」をクリック

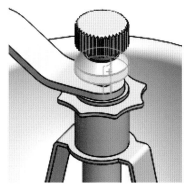

◎ 同心円(N)

6 図に示す面と面に「同心円」合致を
つけます

7 OKをクリック

8

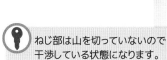

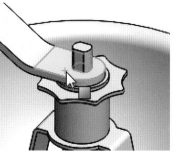

八 一致(C)

8 図に示す面と面に「一致」合致を
つけます

9 OKをクリック

ねじ部は山を切っていないので
干渉している状態になります。

```
🎁 スペーサー<2> (デフ...
 ▶ 🔗 合致@Assem1
 ▶ 📁 履歴
   📁 センサー
 ▶ 🅰 アノテート アイテム
 ▶ 📁 ソリッド ボディ(1)
   📑 材料 <指定な...
   📗 正面
   📗 平面
```

```
🎁 (-) 軸固定ネジ<1> ...
 ▶ 🔗 合致@Assem1
 ▶ 📁 履歴
   📁 センサー
 ▶ 🅰 アノテート アイテム
 ▶ 📁 ソリッド ボディ(1)
   📑 材料 <指定な...
   📗 正面
   📗 平面
```

八 一致(C)

10 図に示すようにツリーから
「スペーサーの正面」と
「軸固定ネジの正面」に
「一致」合致をつけます

11 OKを2回クリック

12 軸固定ネジが配置されました

| 13 | コーヒーミルが完成しました |

| 14 | <コーヒーミル>フォルダの中に「コーヒーミル」という名前で保存します |

---

7 モデルの動きを確認する

| 1 | ツリーの「ミル刃組立」にポインタを合わせます |

| 2 | 右クリックして、メニューを表示します |

| 3 | 「構成部品プロパティ」をクリック |

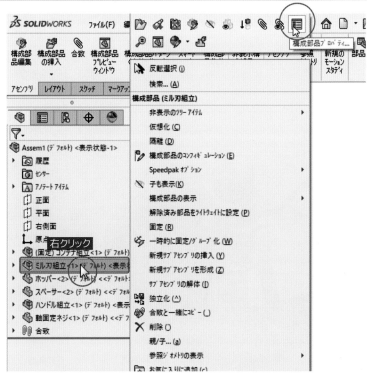

構成部品プロパティ ダイアログ

構成部品プロパティ ✕

一般プロパティ

構成部品名(N): ミル刃組立　　インスタンス ID(I): 1　名前全体(E): ミル刃組立<1>

構成部品参照(F):

スプール参照(F):

構成部品の説明(D): ミル刃組立

モデル ドキュメント パス(D): C:¥Users¥seminar¥Desktop¥コーヒーミル¥ミル刃組立¥ミル刃組立.SLDASM

(構成部品(複数可)のモデルを置き換えるには、ファイル/置き換え コマンドを使用してください)

表示状態特有のプロパティ
- ☐ 構成部品の非表示(M)

参照された表示状態

　　表示状態-1

次の表示プロパティを変更:

コンフィギュレーション特有のプロパティ

参照されたコンフィギュレーション

　　デフォルト

抑制状態
- ○ 抑制(S)
- ◉ 解除(R)
- ○ ライト ウェイト

次として解決
- ○ リジッド(R)
- ◉ フレキシブル(F)

アセンブリを部品として保存
- ◉ システムの設定を使用
- ○ 常に含める
- ○ 常に除外

- ☐ エンベローブ
- ☐ 部品表から除外

次のプロパティを変更:

OK(K)　キャンセル(C)　ヘルプ(H)

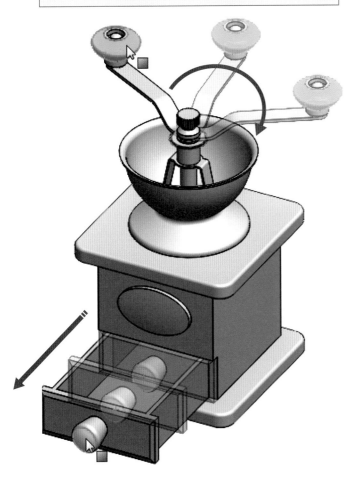

4 「構成部品プロパティ」が現れます

5 「次のように解決」を「フレキシブル」にします

6 OKをクリック

7 同様に「コンテナ組立」もフレキシブルにします

✔ アセンブリにサブアセンブリを挿入すると構成部品プロパティの設定では「リジッド」(動かない状態)になっています。設定を「フレキシブル」にすることで動かすことができます。

8 ハンドルや引き出しをドラッグして動かしてみましょう

🔑 まれに合致に関するエラーが起こることがあります。
このようなエラーを解決するには、一旦、「次のように解決」をリジッドに戻して、再びフレキシブルに設定するようにします。

Fin
お疲れ様でした。
完成させたモデルに色を付けてオリジナル作品にしてみてはいかがでしょうか。

●フィーチャータブ

	**押し出しボス / ベース** 輪郭とパラメータの指定に従ってボスを作成します	**面取り** チェーン状に接続したエッジを面取りします
	回転ボス / ベース スケッチした輪郭と角度パラメータの指定に従って回転フィーチャーを作成します	**直線パターン** 選択フィーチャー / 選択面 / 選択ボディを使用して直線パターンを作成します
	スイープ スケッチした輪郭をパスに沿って押し出し、スイープフィーチャーを作成します	**円形パターン** 選択フィーチャー / 選択面 / 選択ボディを使用して円形パターンを作成します
	ロフト 複数のスケッチした輪郭を使用してロフトフィーチャーを作成します	**リブ** リブフィーチャーを作成します
	境界ボス / ベース 輪郭の間に材料を 2 つの方向で追加してソリッドフィーチャーを作成します	**抜き勾配** 選択したサーフェスに抜き勾配を付けます
	押し出しカット 輪郭と深さパラメータに従ってカットフィーチャーを作成します	**シェル** シェルフィーチャーを作成します
	穴ウィザード 定義済みの断面を使用した穴を挿入します	**ラップ** 閉じたスケッチ輪郭で面をおおいます
	回転カット スケッチした輪郭を回転して押し出したカットフィーチャーを作成します	**交差** サーフェス、平面、ソリッドを交差させ、ボリュームを作成します
	スイープカット スケッチした輪郭をパスに沿って押し出し、スイープカットを作成します	**ミラー** 平面を中心にフィーチャー / 面 / ボディをミラーコピーします
	ロフトカット 複数の輪郭を使用してソリッドモデルをカットします	**参照ジオメトリ** 参照ジオメトリコマンド
	境界カット 輪郭の間にある材料を 2 つの方向に削除してソリッドモデルをカットします	**カーブ** カーブコマンド
	フィレット 半径を指定してエッジにフィレットフィーチャーを作成します	**Instant3D** ダイナミックにフィーチャーを修正するために、ハンドル、寸法とスケッチのドラッグを有効にします

●スケッチタブ

	**スケッチ** 新規のスケッチを作成、または既存のスケッチを編集します	**3 点矩形中心** 傾いた矩形を中心からスケッチします
	3D スケッチ 3D スケッチを作成します	**平行四辺形** 平行四辺形をスケッチします
	スマート寸法 1 つあるいは複数の選択エンティティに寸法を追加します	**ストレートスロット** ストレートスロットをスケッチします
	直線 直線をスケッチします	**中心点ストレートスロット** 中心点ストレートスロットをスケッチします
	中心線 中心線をスケッチします	**3 点円弧スロット** 3 点円弧スロットをスケッチします
	矩形コーナー 矩形をスケッチします	**中心点円弧スロット** 中心点円弧スロットをスケッチします
	矩形中心 中心から矩形をスケッチします	**円** 円をスケッチします
	3 点矩形コーナー 斜めに矩形をスケッチします	**円周円** 円周を使用して円をスケッチします

	中心点円弧 中心点、始点、終点を含む中心点円弧をスケッチします
	正接円弧 直線に正接する円弧をスケッチします
	3点円弧 始点、終点、円弧上点を含む3点円弧をスケッチします
	多角形 角形をスケッチします
	スプライン スプラインをスケッチします
	楕円 楕円をスケッチします
	部分楕円弧 部分楕円弧をスケッチ作成します
	放物線 放物線を追加します
	円錐 円錐をスケッチします　始点、終点、上部の頂点を配置し、ショルダ点を配置して希望の円錐形状を作成します
	スケッチフィレット 2つの直線のコーナーをフィレットします
	スケッチ面取り 2つのスケッチエンティティの間に面取りを作成します
	平面 3Dスケッチに平面を挿入します
	テキスト スケッチにテキストを追加します
	点 点を作成します

	エンティティのトリム 別のエンティティと一致するようスケッチエンティティをトリム、または延長、またはスケッチエンティティを削除します
	スケッチ延長 スケッチセグメントを延長します
	エンティティ変換 モデルのエッジまたはスケッチエンティティをスケッチセグメントに変換します
	交線カーブ 複数ボディの交線上にスケッチを作成します
	エンティティオフセット モデルエッジまたはスケッチエンティティをオフセットする距離を指定してスケッチカーブを作成します
	エンティティのミラー 中心線や平坦な参照アイテムを中心に選択したセグメントをミラーコピーします
	直線パターンコピー スケッチエンティティの直線パターンを作成し、リピートします
	円形パターンコピー スケッチエンティティの円形パターンを作成し、リピートします
	エンティティの移動 スケッチエンティティとアノテートアイテムを移動します
	幾何拘束の表示/削除 幾何拘束を表示または非表示します
	幾何拘束の追加 一致拘束や鉛直拘束などを指定し、エンティティのサイズや位置をコントロールします
	スケッチ修復 選択スケッチを修復します
	クイックスナップ クイックスナップフィルター
	ラピッドスケッチ 2Dスケッチ平面をダイナミックに変更することができます

●アセンブリタブ

	構成部品の挿入 このアセンブリに既存の部品またはサブアセンブリを追加します
	新規部品 新しい部品を作成し、アセンブリに挿入します
	新規アセンブリ 新規アセンブリを作成し、アセンブリに挿入します
	合致と一緒にコピー 構成部品をそれらの合致と一緒にコピーします
	合致 2つの構成部品を相対的に配置します
	構成部品パターン（直線パターン） 構成部品を1方向、または2方向に直線パターンを作成します
	構成部品パターン（円形パターン） 構成部品を軸周りにパターン作成します
	パターン駆動構成部品パターン 構成部品を部品やアセンブリに既存のパターンに連動してパターンを作成します
	構成部品のミラー サブアセンブリと部品をミラーします

	スマートファスナー挿入 SOLIDWORKS Toolbox ライブラリを使用してアセンブリにファスナーを追加します
	構成部品移動 構成部品を合致関係による自由度の範囲で移動します
	構成部品回転 構成部品を合致関係による自由度の範囲で回転します
	非表示構成部品の表示 一時的にすべての非表示構成部品を表示し、選択された非表示構成部品を表示します
	アセンブリフィーチャー さまざまなアセンブリフィーチャーを作成します
	新規のモーションスタディ 新規のモーションスタディを挿入します
	部品表 部品表（BOM）を追加します
	分解図 新しい分解図を作成します
	分解ラインスケッチ 分解ラインスケッチを作成あるいは編集します

●評価タブ

アイコン	名称	説明
	干渉認識	干渉のある構成部品を見つけ表示します
	クリアランス検証	構成部品の間のクリアランスを検証します

アイコン	名称	説明
	穴整列	アセンブリ穴整列のチェックを行います
	測定	選択したアイテム間の距離を計算します

●図面タブ

モデルビュー
既存の部品やアセンブリを元にしたビューを図面に追加します

投影図
既存のビューから新しいビューを展開します

補助図
斜面の補助図を作成します

断面図
親ビューを断面線でカットして断面図、整列断面図、半断面図を作成します

詳細図
詳細図を作成します

標準3面図
標準3面図を作成します（第1角法または第3角法使用）

部分断面
部分断面図を作成します

破断線
選択図面ビューに破断線を追加します

ビューのトリミング
ビューをトリミングします

代替位置ビュー
代替位置ビューを挿入します

●シートフォーマットタブ

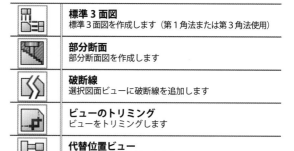

シートフォーマット編集
シートフォーマット編集

タイトルブロックフィールド
タイトルブロックフィールド

自動境界線
自動境界線

●アノテートアイテムタブ

スマート寸法
1つあるいは複数の選択エンティティに寸法を追加します

水平寸法
2つの点間に水平寸法を配置します

垂直寸法
2つの点間に垂直寸法を配置します

基準線寸法
基準線に寸法を付けます

累進寸法
累進寸法記入法を使用して寸法値を配置します

面取り寸法
面取り寸法を挿入します

モデルアイテム
参照モデルから寸法、アノテートアイテム、参照ジオメトリを選択した図面ビューにインポートします

スペルチェック
スペルチェックを行います

アイコン	名称・説明
フォーマットペイント	**フォーマットペイント** 寸法値とアノテートアイテム含む表示プロパティをコピーします
注記	**注記** 注記を作成します
直線注記パターン	**直線注記パターン** 直線注記パターンを追加します
バルーン	**バルーン** 選択したエッジまたは面にバルーン注記を添付します
自動バルーン	**自動バルーン** 選択されているビューの全構成部品にバルーンを追加します
マグネットライン	**マグネットライン** マグネットラインを挿入します
表面粗さ記号	**表面粗さ記号** 表面粗さ記号を挿入します
溶接記号	**溶接記号** 選択エッジ / 面 / 頂点に溶接記号を挿入します
穴寸法テキスト	**穴寸法テキスト** 穴の寸法テキストを挿入します
幾何公差	**幾何公差** 新しい幾何公差記号のプロパティを設定し、図面シートをクリックして挿入します
データム記号	**データム記号** 選択エッジ / 選択詳細部分にデータム記号を添付します
データムターゲット	**データムターゲット** データムターゲット記号やデータムターゲット点を選択されたエッジ / 線に追加します

アイコン	名称・説明
ブロック	**ブロック** ブロックコマンド
ブロック作成	**ブロック作成** 新規ブロックを作成します
ブロックの挿入	**ブロックの挿入** スケッチまたは図面に新規ブロックを挿入します
中心マーク	**中心マーク** 円形のエッジ、スロットエッジ、スケッチエンティティに中心マークを追加します
中心線	**中心線** 図面ビューや選択エンティティに中心線を追加します
領域のハッチング / フィル	**領域のハッチング / フィル** 閉じたスケッチの輪郭にハッチング / フィルを追加します
リビジョン記号	**リビジョン記号** 最新のリビジョンの記号を挿入します
リビジョン雲	**リビジョン雲** リビジョン雲を挿入します
テーブル	**テーブル** テーブルコマンド
カスタムテーブル	**カスタムテーブル** 図面にカスタムテーブルを追加します
部品表	**部品表** 部品表 (BOM) を追加します
リビジョンテーブル	**リビジョンテーブル** リビジョンテーブルを挿入します

●ヘッズアップビューツールバー

ウィンドウにフィット	**ウィンドウにフィット** 表示されているアイテムをすべて表示します
一部拡大	**一部拡大** 指定領域を拡大表示します
最後の表示変更の取り消し	**最後の表示変更の取り消し** 最後の表示変更を取り消します
断面表示	**断面表示** 1 つまたは複数の平面を使って部品 / アセンブリの断面を表示します
表示方向	**表示方向** 現在の表示方向、またはビューポートの数を変えます
正面	**正面** 表示を回転 / 拡大し、モデルの正面を表示します
背面	**背面** 表示を回転 / 拡大し、モデルの背面を表示します
左側面	**左側面** 表示を回転 / 拡大し、モデルの左側面を表示します
右側面	**右側面** 表示を回転 / 拡大し、モデルの右側面を表示します
平面 (上面)	**平面 (上面)** 表示を回転 / 拡大し、モデルの平面 (上面) を表示します

アイコン	名称・説明
底面	**底面** 表示を回転 / 拡大し、モデルの底面を表示します
等角投影	**等角投影** 表示を回転 / 拡大し、モデルの等角投影を表示します
両等角投影	**両等角投影** 表示を回転 / 拡大し、モデルの両角投影を表示します
不等角投影	**不等角投影** 表示を回転 / 拡大し、モデルの不等角投影を表示します
選択アイテムに垂直	**選択アイテムに垂直** 選択した面、平坦な面、フィーチャーに垂直な表示方向でモデルを回転 / 拡大表示します
表示スタイル	**表示スタイル** アクティブなビューの表示スタイルを切り替えます
アイテムを表示 / 非表示	**アイテムを表示 / 非表示** グラフィックス領域の中のアイテムの表示 / 非表示を切り替えます
外観を編集	**外観を編集** モデルのエンティティの外観を編集します
シーン適用	**シーン適用** 特定のシーンをモデルに適用します
表示設定	**表示設定** RealView、影、アンビエントオクルージョン、パース表示のようなさまざまな表示設定を切り替えます

寸法の小数点後のゼロ表示設定

ver.2018以降デフォルトの設定では、寸法値の小数点以下が「0」の場合、小数点第2位までが表示されるようになりました。
次の手順で小数点以下がゼロの場合、非表示にできます。

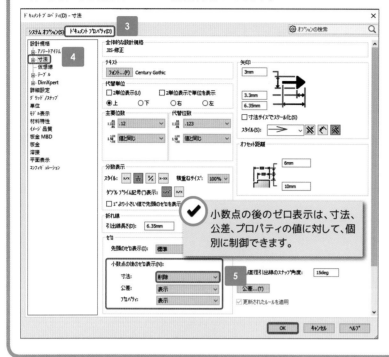

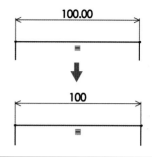

1	部品ドキュメントを開きます
2	<メニューバー>「オプション」を クリック
3	「ドキュメントプロパティ」タブを クリック
4	「寸法」をクリック
5	小数点の後のゼロ表示の寸法を 「削除」にします
6	「OK」をクリック

ここでは、部品ドキュメントの設定をしましたが、各ドキュメントに対して同様に設定できます。

小数点の後のゼロ表示は、寸法、公差、プロパティの値に対して、個別に制御できます。

テンプレートの保存

ドキュメントプロパティの設定は、現在作業中のドキュメントのみに適用されるため、新規のドキュメントではその都度設定する必要があります。設定したドキュメントをテンプレートとして保存しておくと、新規ドキュメント作成時にその設定を利用することができます。

ファイル名を変更

1	<メニューバー>「ファイル」から 「指定保存」をクリック
2	「指定保存」のダイアログボックス が現れます
3	ファイルの種類を「 Part Templates(*.prtdot)」にします
4	部品ドキュメントテンプレートが保存 されている場所に移動します
5	ファイル名を変更して保存します

※要注意
ファイル名を変更せずに「部品」のまま保存をすると、デフォルトのテンプレートが上書き保存されます。必ずファイル名を任意の名前に変更してください。

6	ドキュメントを閉じます

テンプレートのドキュメントが開いている状態です。上書きを防ぐため、必ずドキュメントを閉じます。

作成したテンプレートは、
「新規SOLIDWORKSドキュメント」ダイアログボックスのアドバンス表示で選択できます。
（アドバンス表示はP21参照ください）

3次元モデルデータダウンロードのご案内

3次元モデルデータダウンロード

本書掲載のカードスタンドとコーヒーミルの3次元モデル
データを無料でダウンロードできます。
SOLIDWORKSデータの履歴から作成方法を読み取れます。

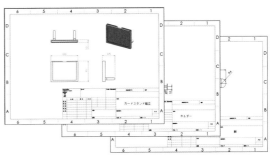

3次元モデルデータのダウンロードには「無料メールセミナー」へのご登録が必要です。
無料メールセミナーではSOLIDWORKSの操作方法も学べます。この機会にぜひご登録ください。

CADRISE　無料メールセミナーとは

SOLIDWORKS 習得メールセミナー

CADRISEが配信する『SOLIDWORKS習得メールセミナー』
の全4タイトルを無料で受講できます。
SOLIDWORKS習得のステップアップに適した、知って役立つ
「便利な機能」や「操作のコツ」を習得用課題のモデル作成
を通してお伝えします。

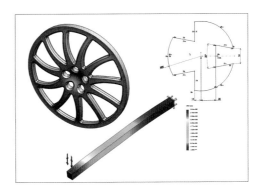

ご利用方法

3次元モデルデータダウンロード、SOLIDWORKS習得無料メールセミナーをご利用いただくにはCADRISE
のサイトにアクセスし、トップページより「無料メールセミナー」にご登録ください。
登録されたメールアドレスにパスワード、メールセミナー、ダウンロードページのURLをお届けいたします。

※掲載した内容、無料メールセミナーは予告なく変更、あるいは中止になる場合があります。

CADRISE　**https://www.cadrise.jp/**　| CADRISE | 検索 |

【CADRISE websiteとは】
SOLIDWORKSを利用する製造業を支援する設計デザイン会社アドライズのCAD教育部門が提供するサイト。
マニュアルやモデルのダウンロード、セミナー情報などが入手できます。

索引&用語解説

か

さ

ソリッド
　▶中身のある立体。体積情報を持っているため解析などへの応用範囲が広い。

■編　者
CADRISE　　https://www.cadrise.jp/
アドライズの設計実務で培った技術を活かした「SOLIDWORKS」の教育研修や教材開発を行う。レベルに応じた研修カリキュラムや書籍、DVD などの教材を豊富に展開して、全国各地の学校や職業訓練施設などの教育関係者から高い評価を得ており、それらの教育現場で広く活用されている。

株式会社アドライズ　　https://www.adrise.jp/
産業機械メーカーの設計・開発部門向けに技術サービスを提供する会社。産業機械カバーのプロダクトデザイン・設計、FA 設備の機械設計サービスなどを提供している。

■著　者
牛山　直樹（うしやま　なおき）　株式会社アドライズ代表取締役、諏訪東京理科大学非常勤講師
　　主な著書：『よくわかる 3 次元 CAD システム SOLIDWORKS 入門』『同書 改訂版』
　　『よくわかる 3 次元 CAD システム 実践 SolidWorks』
　　『3 次元 CAD SolidWorks 練習帳』
　　『よくわかる SOLIDWORKS 演習 モデリングマスター編』『同書 改訂版』
　　『3 次元 CAD SolidWorks 板金練習帳』（以上、日刊工業新聞社）
唐澤　聖（からさわ　せい）　SOLIDWORKS 認定技術者
林　容子（はやし　ようこ）
村山　久美子（むらやま　くみこ）
小林　尚子（こばやし　しょうこ）
寺島　久美子（てらしま　くみこ）
島　明子（しま　あきこ）
野口　俊二（のぐち　しゅんじ）　技術センター長
（以上、株式会社アドライズ）

よくわかる3次元CADシステム
SOLIDWORKS入門
―2020/2021/2022対応―

2022 年 8 月 15 日　初版第 1 刷発行
2024 年 2 月 27 日　初版第 2 刷発行

ⓒ 編　者　　CADRISE
　　　　　　㈱アドライズ
発行者　　井水　治博
発行所　日刊工業新聞社　〒103-8548 東京都中央区日本橋小網町14-1
電　話　03-5644-7490（書籍編集部）
　　　　03-5644-7403（販売・管理部）
FAX　03-5644-7400
振替口座　00190-2-186076番
URL　https://pub.nikkan.co.jp/
e-mail　info_shuppan@nikkan.tech
印刷・新日本印刷　　製本・新日本印刷
（定価はカバーに表示してあります）
万一乱丁、落丁などの不良品がございましたらお取り替えいたします。
ISBN978-4-526-08224-5　　NDC501.8
カバーデザイン・志岐デザイン事務所
2022 Printed in Japan